我

· COGITO ·

思

A Companion to Jacques Lacan

拉康十讲

严和来——著

GUANGXI NORMAL UNIVERSITY PRESS
广西师范大学出版社
·桂林·

拉康十讲
LAKANG SHIJIANG

策　　划：叶子@我思 Cogito
责任编辑：叶子　韩亚平
责任技编：王增元
封面设计：关于

图书在版编目（CIP）数据

拉康十讲 / 严和来著. -- 桂林 : 广西师范大学出版社，2023.12（2024.12 重印）
（我思学园）
ISBN 978-7-5598-6416-1

Ⅰ. ①拉… Ⅱ. ①严… Ⅲ. ①拉康（Lacan，Jacques 1901-1981）– 精神分析 – 思想评论 Ⅳ. ①B84-065②B565.59

中国国家版本馆 CIP 数据核字（2023）第 187975 号

广西师范大学出版社出版发行
广西桂林市五里店路 9 号　邮政编码：541004
网址：http://www.bbtpress.com
出版人：黄轩庄
全国新华书店经销
山东韵杰文化科技有限公司印刷
山东省淄博市桓台县桓台大道西首　邮政编码：256401
开本：850 mm × 1 168 mm　1 / 32
印张：9.625　　字数：145 千
2023 年 12 月第 1 版　　2024 年 12 月第 4 次印刷
定价：48. 00 元

献给W

CONTENTS

目　录

引　言

本书分十讲。然而若读者希望通过这十讲充分地了解拉康，这是做不到的。

我希望读者通过这十讲，能对拉康理论有一个印象性的了解。印象性的了解不一定等于整体的或者轮廓性的了解。印象性的了解可能只是让某个读者注意到了本书的一个小小细节，这个小细节能引起这位读者对拉康理论的进一步兴趣，然后，这位读者从这个细节出发，选择一个自己的角度，继续去了解和学习拉康派精神分析。印象性的了解有点像你去一个城市旅行，在初次旅行当中你未必就对这个城市有整体了解，但是某个地点、某次邂逅让你对这个城市有了一个自己的印象，让你愿意再次，甚至一次又一次地重游。

本书的内容在某种程度上是出自作者对拉康派精神分析的无知。作者讲述他所知道和理解的拉康理论，是为了探究这些理论当中尚不清晰的内容。也就是说，是无知推动着讲述。读者显然也不能停留在这些讲述之上，要思考作者自己也不清晰和没有讲出来的东西。或者也可以说，作者是在讲述当中及之后发现无知。通过十讲的篇幅对拉康理论进行介绍，做不到面面俱到，并且一定会忽略一些非常具有启示性的内容，这都是由于无知。精神分析的历史一再表明：正视我们的无知，再次重视在历史上被忽略被误解的内容，我们才会对自己有新的发现、理解与创造。当然，这也许是个悖论：读者看书，但要对书里没有讲的内容保持向往。

因此，本书作者希望读者和他一起，试着从零开始，慢慢地了解拉康。

读者在阅读本书的过程中，可能会发现有些地方不太容易理解。这完全是正常的。这可能是作者的原因，就像前面所说的，是作者的无知造成的，但也可能是因为理解拉康本身就是这样，我们对拉康精神分析的理解本就不能太快。我们要将写作与阅读本身看作一个“症状”。症状有它存在的理由，如果我们对它理解得太快，让它消失得太快，有时候并不是一件好事，那样可能会有新的症状到来。我们应该让自己有一些不理解，甚至应该让自己去质疑。我们应该让理解成为一个比较长的过程。在这个过程中，不仅让大脑与理性，更应该让我们的身体与情感参与理解，让我们的全部生活参与理解。要让自己在某一天发现：原本的理解之后还存在着新的理解。

本书是从临床实践角度出发的。我们知道，拉康不仅仅是一位精神分析家，他还被认为是二战之后最重要的思想家之一，他的理论已经扎根于哲学和社会学，甚至政治学领域。拉康对人类认识自己，对人类社会的未来发展有许多预见性的观点。受他的思想影响而产生的社会思潮、社会改革，其实很早就渗透到人类社会的方方面面。但是本书主要介绍他的精神分析临床实践以及与实践息息相关的理论，致力于给读者标出一些指向，标出一些拉康在精神分析实践当中非常独到的见解和概念。如果读者对某些指向特别感兴趣，可以凭此指向继续深度阅读拉康的相关理论著作；如果读者是一位心理工作者，也可以将此指向看作自己临床实践当中的参照，但最为重要的是，要在自己的经历与实践当中检验这些指向，这是在其他地方无法体验到的。这也对应着前面所说的印象性的了解。

这些指向实际上也是拉康在自己的临床工作当中获得的，虽然他借助了当时一些外在的理论。学习拉康要结合自己的经历和临床来理解，如果发现拉康的一些理论和我们自己的经历以及临床之间有一些不契合的地方，那我们就把疑问先悬置，等一段时间回过头来再看，也许会有更多的理解。这也是为什么前文提到，对拉康的理论有时候不能理解得太快。

学习拉康，我们要有一个开放的态度。有些学习拉康派的人，把拉康讲的每一句话都当作一个颠扑不破的真理，这应该不是拉康的原意。因为拉康本人在理解精神分析、学习精神分析的过程当中，也是开放式的。他学习弗洛伊德的理论，对同时代其他精神分析家的理论也有很多借鉴，开放的态度才是精神分析的态度。拉康正是对前辈或同行的精神分析理论保持着质疑，才有了自己的理论，而精神分析理论也没有在拉康之后停滞，它还在发展当中，实际上这种发展并无止境。

一百个精神分析家心中可能就有一百种对拉康理论的理解，我们在理解拉康理论的时候很可能不只是有一种理解。再次强调，每个人对拉康的理解，都结合着自己的经验和临床，要将拉康的理论融合进我们每个人自己的理论。还要强调的是，学习拉康理论不是为了成为拉康，而是为了成为我们自己。

学习拉康精神分析理论的时候，我们要有一个感觉：一个概念可能含有全部的概念。我们拿钻石来打个比方。钻石闪闪发亮，是因为这钻石有很多个切面。我们把整颗钻石看作精神分析，把钻石的每一个切面都看作精神分析的一个概念，那么钻石的每一个切面之所以光彩耀目，是因为这个切面折射或反射了其他许多切面的光芒。钻石某个切面的光芒依赖于其他的切面而存在，精神分析的一个概念里面也反映了很多其他的概念。这样理解其实还不够彻底，实际上，一个概念，也就是一个切面，它本身就蕴含着所有的概念、所有的切面。这有点一沙一世界的意思。任何一个精神分析的概念，都是从不同的侧面对精神分析整体的理解。

我们举无意识和移情这两个概念为例来说明这种感觉。在某种程度上，无意识概念就是精神分析的全部，正是无意识的发现开启了精神分析。所以自弗洛伊德以来，精神分析就给了无意识概念一个根本性的位置：如果人类没有无意识，那就不存在精神分析。但是，关于移情这一概念，拉康在 1964 年的“精神分析的四个基本概念”讨论班上就认为，移情就是无意识的上演。也就是说，移情是无意识在我们的临床工作当中表现出来的过程，是无意识的表现过程。移情就是精神分析实践全部过程的本质所在。无意识就在移情中表现，移情就是表现无意识。两个概念相互含有。

还有阻抗概念。在精神分析临床当中，我们经常会碰到阻抗。来访者对分析有阻抗，我们可以说这个来访者有了负面移情，也就是说，阻抗本身就是一个移情。阻抗本身就是来访者无意识的表现：来访者自己有一些经历或者幻想，他不能很好地面对，于是就要无意识地回避，这就会导致各种形式的阻抗。也可以说，他阻抗的是自己的无意识。

再比如攻击性概念。在精神分析临床工作当中，也经常会有攻击性表现出来。攻击性就是无意识主体需要表达出对客体不好的东西。对一个神经症患者来说，攻击性很可能是他尘封在无意识里的最重要的东西。在某种程度上，当这个攻击性表达出来并且被来访者体会到，他的这个问题差不多就解决了。所以，攻击性是无意识里最重要的东西，但是不能表达攻击性，就是一个阻抗，也就是一个负面移情。

因此，在这里我们看到：攻击性、无意识、阻抗与移情这四个概念根本就不能分开理解，它们本来就是相互含有的。

理解精神分析很可能和理解很多自然科学问题不太一样。很多其他自然科学，它们的内涵和外延都分得很清楚。而精神分析的每一个概念，本身就是全部的概念。

第一讲　精神分析首先是实践

拉康的生平

关于拉康的生平，本书会略有提及。其中特别让人感兴趣的地方可能是拉康派为何创立，拉康派的几次分裂，以及它和国际精神分析协会之间的矛盾冲突。但是，再过一些年我们回看来路时会发现，当初的一些分裂，经过了一段时间之后，在某些地方，实际上又重新走到一起了。比如，在拉康在世的年代，国际精神分析协会里基本上是没人读拉康的，对拉康差不多持一个全面否定的态度。但如今拉康去世四十年之后，国际精神分析协会的一些分析家也开始介绍并阅读拉康，从拉康思想当中汲取营养。特别是拉康的一些弟子，他们后来也进入了国际精神分析协会，做了很多拉康理论的传播工作。国际精神分析协会编撰的《当代弗洛伊德：转折点与重要议题》系列丛书，现在正在被一些中国精神分析工作者翻译成中文，第一辑与第二辑已经面世，中国的读者应该不陌生。这套书里面已经介绍了不少拉康的理论。所以从这个意义上讲，也许当年他们有一些理论上的分歧，当各自的理论又发展了一段时间之后，大家其实是殊途同归的。目前，也许我离这段历史还不够远，还不能看清其中的脉络，不能理清它们在我们的心中留下的印象。当然，当年的分裂或者矛盾也带有一些个人利益与权力斗争的色彩，但随着时间的逝去，个人的东西会淡化，理论本身的价值则会彰显出来。

拉康对精神分析的贡献

显然已经有很多精神分析家，特别是拉丁语系的分析家认为，在弗洛伊德之后，拉康对精神分析理论的贡献是最大的。因为是拉康把精神分析带到了现代。

拉康实际上是从语言学、拓扑学、结构主义、哲学、人类学等方面，还有一些东方的思想（这其中就有不能忽视的中国思想）的角度，对经典的精神分析理论进行了根本性的革新。拉康从这些人类思想精华里面吸取了营养，把精神分析带入现代，让精神分析离开医学的窠臼，移植进更广更深的人类思想领域，特别是人文思想领域。在拉康那个时代，他接触到的很多人类的思想工具，是弗洛伊德时代都没有出现或者才刚出现，因此弗洛伊德没有机缘接触到。

比如结构语言学。1906 年，索绪尔刚开始在瑞士日内瓦大学讲授普通语言学，但是他生前并没有将讲稿编写成书，直到 1916 年，他的学生才根据笔记和手稿整理出了《普通语言学教程》，并在法国出版。而在那个年代，弗洛伊德还只能凭借着自己的神经生物学知识，苦心构建他的精神分析大厦。弗洛伊德有他那个时代的一些思想工具支撑着他，比如经典物理学和进化论的思想。但是在精神分析理论的构建当中，弗洛伊德碰到了麻烦，他没有办法完成精神分析的元心理学的一系列文章，也就是说，他一直都没有完成精神分析理论地基。因为根基不牢，他的精神分析大厦虽然建立了，却岌岌可危。实际上，弗洛伊德掌握的思想工具，是没有办法夯实这个根基的。同时，由于专业的藩篱，弗洛伊德没能注意到索绪尔的工作。语言学之外的人注意到索绪尔的学术价值还需要一些年月。

假设弗洛伊德当年接触到了结构语言学，我相信他写的精神分析理论不是那个样子。因为我们读弗洛伊德的著作时，比如《玩笑及其与无意识的关系》（*Jokes and their relation to the unconscious*，1905）、《诡异感》（*Das Unheimliche*），会发现弗洛伊德对语言非常感兴趣。弗洛伊德本人对语言学的一些讨论，熠熠生辉，有些灵感实际上已经映照出结构语言学的身影。可惜，弗洛伊德并没有将之形成体系，因为他没有结构语言学这样一个思想工具去整理它。从结构语言学角度建构精神分析，直到拉康的时代才成为可能。

除了结构语言学之外，弗洛伊德没能接触到的还有拓扑学、人类学等，我在本书后面会提到。另外，20 世纪 20 年代，弗洛伊德对自己理论的修改差不多完成了，第二个地形学模型也建立了。但是，临床工作者发现，当用弗洛伊德构建的关于精神世界的两个地形学模型来解释临床实践工作时，总会有一些问题。这说明用直观的地形学的理论，是很难构建人类的精神结构模型的。这就需要一个新的思想工具，而当时法国数学家康托尔提出的集合拓扑学就带来了这种可能性。

所以我们说拉康把精神分析带入现代，也有这样的意思：拉康利用了一些现代的思想工具，解决了精神分析理论已有的困境，让精神分析家能够更好地理论化他们在临床实践当中的发现。同时，他也让精神分析思想与现代其他思想相匹配，能和其他思想相互对话与参照。但是，我们不能认为拉康终结了精神分析的理论发展。人类思想还在继续发展，每个时代也还会有新的事物与现象出现，这些可能是前人未曾遇见过的。很可能我们还将会有一些新的思想工具，新的思想工具帮助我们理解在其时代出现的新的事物与现象，也能帮助我们理解在历史上出现的一些东西。精神分析始终是在发展的。

回到弗洛伊德

拉康把弗洛伊德的经典精神分析带入现代，但这里面的悖论是：拉康其实是在重读弗洛伊德的基础上，是在回到弗洛伊德的基础上，才对精神分析有了决定性的重新发现。也就是说，拉康对精神分析的革新，实际上是对弗洛伊德的重新阅读，是在弗洛伊德的精神分析理论当中实现的。拉康认为，弗洛伊德已经发现了精神分析的本质性内容，尽管他并没有办法将它说清楚，没有办法很好地对它进行理论化，但是这个本质内容在精神分析最开始的时候就已经出现了。拉康认为，如果我们要知道这些内容是什么，我们就要重新阅读弗洛伊德。

在拉康的时代，有很多人已经总结了弗洛伊德的理论，他们出版书籍，将这些总结看作弗洛伊德理论的精髓。之后，很多精神分析家就只是阅读这些总结性的书籍，这样可以更方便地获得精神分析的理论，人们已经不直接看弗洛伊德的著作了。可是拉康认为，弗洛伊德本人发现了精神分析的本质内容，但弗洛伊德总是有着理论考量上的冲突，有着理解的犹豫与迷茫。他有一些伟大的发现，但有时他自己的理论写作却削弱了这些发现的价值。弗洛伊德一直有简化他的发现的愿望，他一直试图将这些发现归结成一个类似于物理学的公式，可是他也时常发现这种简化是不可能的。这些在他的著作和文献资料当中都能发现。拉康提出重新阅读弗洛伊德，是要在弗洛伊德的著作里面进行重新发现，特别是发现一些很可能是弗洛伊德一笔带过的内容，这些内容是弗洛伊德的“无意”叙述，但还是略有“着墨”。这些内容体现了精神分析的本质。需要带着现代思想工具去重新阅读，从而凸显出它们的决定性意义。

比如，来访者在精神分析家那里接受精神分析，在这个过程当中，来访者讲了很多话，主要是讲他的痛苦，同时很可能不经意地讲到了某个他认为不重要的点。随着讲述的继续，我们越来越发现，那个他原本不经意提到的点可以成为理解他的起点或契机。我们也许很久之后才能明白，当初的那次工作中，那个“随意一说”才是最重要的发现，对理解这个人是非常重要的。

我们也应该试着将弗洛伊德的这些著作看作弗洛伊德说的话。弗洛伊德写下了他认为很重要的东西，也顺带提到了一些东西——弗洛伊德当时并没有认识到它的价值，但那正反映了精神分析的本质。相反，有些弗洛伊德当时认为是精神分析本质的东西，后来我们发现并不是那么重要。精神分析本质性的东西，出现在精神分析的一开始，但是它的价值则需要此后重新去发现。

一部作品、一个理论的价值并不是作品写作当时就能确定下来的。一个理论的价值很可能依赖后人对理论的继续发现。因此，拉康是带着现代思想工具，即从一个新的视角，去重新阅读弗洛伊德。“回到弗洛伊德”，是拉康重新发现精神分析的号角，正是在这一号角之下，拉康对经典精神分析有了许多决定性的发现，这些发现带来了精神分析的革新。在这个意义上，不读弗洛伊德，不懂弗洛伊德，也就读不懂拉康。读懂拉康的前提是阅读弗洛伊德，也只有这样，我们才能理解拉康。

断裂还是传承

拉康通过一些现代思想工具，把精神分析从医学的或者是神经科学的土壤中拔起来，重新移植到一个更广更深的人文思想当中，他抛弃了经典精神分析的很多概念，同时对很多概念做了革新，也发明了一些重要的概念。因此，有精神分析家认为拉康派和弗洛伊德派是截然断裂的。可是断裂的同时，又有延续。

拉康曾对他的学生们说，很可能你们都是拉康派，可我是弗洛伊德派。弗洛伊德的发现为拉康的发现奠定了基础，实际上，精神分析的本质内容在弗洛伊德那里就被发现了，拉康理论只是以一种更合适、更符合现代背景的方式把它表述出来。或者换一种说法：拉康的发现其实在弗洛伊德那里就已经被发现，只是后者并没有明确表述出来，因此可以说，弗洛伊德是一位先于拉康存在的拉康派分析家。弗洛伊德在他的作品当中多次提到，相对于当时的医学或者神经生物学，精神分析和文学、人类学等人文学科的关系更近，他在写作时已经把他所知道的许多人文学科知识作为重要参照。

因此，我们讲弗洛伊德和拉康的关系是断裂还是传承，意义并不大。也许更重要的是，拉康和弗洛伊德一样，是在精神分析的源头去发现精神分析的本质，就像我们需要在一个人的早期经历中发现他与世界关系的基本模式。

对待拉康的理论要像对待诗学那样

我们对待拉康的理论，要像对待诗学，对待艺术那样。这和我们自己的精神分析的分析体验是一致的。精神分析运用在我们个体身上，是为了发现一些新的东西，新的意义。这个意义很可能是个体的意义，是主体的意思，主体的感觉。这个主体的感觉是在主体的话语当中发现的。主体说着话语，这些话语的每一个词，都来自我们人类文明，这些话语是已存在的，每一个词的意思我们都知道，在字典里都有，可是这些词放在一起，它们就产生出一种新的意思，主体想表达的意思就在里面出现了。也就是说，实际上我们把一些词放在一起，对这些词进行排列组合，对这些词进行重新整理，形成这样或那样的句子，就形成了我们主体的意义。这其实就像诗歌。

比如我们说一些很简单的词：表示颜色的白、表示太阳的日，远处的山峦，太阳落山的景象。这都是很普通的词，我们在日常生活当中会用到它们。当一个诗人，把“白日依山尽”这几个词放在一起，再把另一些词也放在一起，“黄河入海流。欲穷千里目，更上一层楼”，这样就形成了诗。王之涣第一次把这些词放在一起，就生成了一种新的意思。这种意思是这些词组织在一起才能给出来的，这些词就拥有了比在字典里时更多的意思，表达了诗人想要表达的某种意象、意境。

对待拉康的理论，要像对待诗学一样。有时候拉康理论的某些地方好像让我们不感兴趣，那是因为它没有触动我们，就像有一些诗句没有触动我们一样。王维写过一首诗，里面有一句“湖上一回首，青山卷白云”。很可能有人对这句诗不感兴趣，那是因为你还没有感受到离别。因为这是一首送别诗，它反映了两个人之间的依依不舍。当远去的人，船行到湖的中间，他回首看了一下岸上的人，他知道这种分别是无可奈何的，是他不能左右的。此时他抬头，看到远处的青山，上面有白云。这时候，青山卷白云，此刻的白云就不仅仅是白云，青山也就不简单是青山了。白云青山表达的是：一个在天一个在地，不能相聚，但又相互眷恋，相互缠绕。白云就是你，你是飘动的，你不想走，你想围绕着青山。青山就是不能和白云一起走的人。青山是没法动的，而白云终归是要飘走的。因此，在那一时刻，我们就体会到了分离的情感。

我们很可能对拉康的理论有不懂的地方。有的地方，我们很可能当时不知道他在讲什么，那就暂时放一放，也许有一天就会理解了。不要强迫自己去理解拉康的理论。要全部理解它，要百分之百地理解它，这是不可能的事情。只能等哪一天，哪个东西触动了你，你才可能会理解它。

这里涉及用拉康的能指理论来理解拉康理论，关于能指理论，后文会进一步谈到。

精神分析首先是实践

既然要讨论精神分析，也许有必要对精神分析做一个简单的定义。作为讨论的起步，这将帮助我们理解之后的内容。精神分析，首先是实践。什么叫实践？精神分析理论本身，不是从纸面上开始的，不是从理论讨论开始的，它是从实践开始的。对弗洛伊德是这样，对拉康也是这样，对所有从事精神分析的人来说，都应该是这样。

弗洛伊德从事临床实践的时候还不知道自己会从事精神分析实践，因为那个时候还没有精神分析。他从催眠开始，在临床工作当中摸索。他对当时的临床工作不满意，但是也不知道什么样的临床工作是合适的。他亦师亦友的师兄布洛伊尔（Josef Breuer）在和安娜·欧工作的时候，采取了一种谈话疗法，但是他也没有注意到谈话疗法的重要性，甚至认为这只是安娜·欧的特例，这是对特别的人的特别方法，不是一个普遍的方法。

差不多过了十年，弗洛伊德在自己的临床中也发现了类似的情况，他发现来访者真的通过说话就能解决自己的精神问题，尽管他也不知道这到底是怎么回事。他进一步在临床当中摸索，并且想回答一些问题：说话为什么能解决自己的问题？这需要什么条件？到底什么在中间起了作用？于是，从自己的临床出发，从自己的实践出发，弗洛伊德开始构建精神分析理论，不停地修改，甚至放弃一些已经构建好的理论，再构建再修改。

因此，我们看到精神分析最开始不是理论，它是实践，弗洛伊德是在实践基础上对实践进行总结才开始精神分析理论构建的。之后，差不多所有的精神分析家对精神分析理论的修正与发展，也都是这样的。

对每个学习精神分析的人，我们都强调，你应该有精神分析的实践。其中最重要的一个精神分析实践就是你自己。做一个来访者，去一个精神分析家那里接受精神分析。如果我们要讨论个案的话，那么把自己作为最主要的一个个案来讨论。这也回应了我前面讲的，我们学习精神分析理论，学习拉康的理论，要结合自己的经历。

精神分析首先是实践，进一步讲，它还是言语的实践。精神分析史上，从安娜·欧开始，分析家发现说话可以治疗我们精神上的障碍，缓解我们精神上的痛苦。精神分析的这个实践不包含其他，从根本上来说，这个实践就是言语的实践。精神分析在发展的过程当中，为了和不同的人群工作，特别是为了和儿童工作，发展了很多其他工具，比如沙盘、绘画和游戏。但是这些工具都是语言，或者说是语言的其他形式。对于沙盘疗法，每一个沙盘玩具就是一个词，每一次沙盘游戏都有自己的句法和语法。也许有个东西在来访者身上很难讲出来，或者来访者有口语表达的困难（儿童常常在口语表达上有困难），这时通过沙盘或者别的形式，把它投射到你的面前，投射到你的外部，会显得相对容易，但这本身也是一种“语言”表达。绘画也是言语，我们看到在汉语里面，画“画”的“画”和说“话”的“话”，这两个字的发音是一样的，这不是偶然，这是中国人很早就直觉地发现了画画和说话之间有着共同点。小孩子画的每一笔，画里面的每一个元素，都是一个词，组成这些元素的方式就是一种述说，在讲述着一件事情。比如，儿童把一幢房子画在一个十字路口，很可能是想讲述：他的家庭现在碰到了一些问题，有着向几个不同方向发展的可能，需要做出选择。

实践精神分析要有质疑

在精神分析实践中，我们还要有质疑。因为精神分析是从实践出发的，精神分析理论实际上是根据实践构造出来的。那么，构造出来的精神分析理论就一定是对的吗？也许你在临床中做对了，但是理论解释未必就对了。弗洛伊德发现来访者说话可以解决自己的精神障碍或者心理问题，于是弗洛伊德就做了很多解释，建立理论，但是这些解释就一定是对的吗？拉康就是对弗洛伊德的解释提出质疑才发展了精神分析的理论。但是拉康做的再解释就一定是对的吗？不可能再发展了吗？

在此，我想举个中国作品的例子。贾平凹在2018年出版了一部小说《山本》，其中一个小的片段很具有精神分析的意味：小说的女主人公陆菊人有一个儿子叫剩剩，剩剩动不动就发烧。剩剩一发烧，陆菊人就抱着他去镇西南边的安仁堂找郎中，郎中叫陈先生。我们能感觉到书中提到的这个“郎中”其实是道家思想的化身。但是，陆菊人将剩剩抱到安仁堂后，一摸孩子的额头竟然不烫了。陆菊人说：你给我作怪，一来安仁堂你就退烧了？！书里有一段陈先生与陆菊人的对话。

> 陈先生说：剩剩又病了？陆菊人说：你说这是咋回事，他几次发烧，额颅烫得像炭一样，一到你这儿却又好了！陈先生说：你已经给治了么。陆菊人说：我哪会治？！陈先生说：你见过山上的猴子相互抚摸呀，捉虱子呀，那就是猴子在治病。你一路抱他哄他拍他给他试额颅，也是给孩子治病的。[1]

1　贾平凹：《山本》，人民文学出版社，2018年，第51—52页。

大家看这里，关于剩剩为什么不发烧了，陆菊人起先是有一个解释的，就是一来安仁堂就退烧了。顺着这个解释，可以认为陈先生的安仁堂是个很神奇的地方，如果陈先生认可这个解释，那么他可以说他这个地方有灵性，可以设一个神龛，大家来拜一下，病就会好的。我想说，在我们的历史当中，类似这样的事情并不少见。但是，陈先生是个很谦虚的人，他讲了一个很精神分析式的解释：其实不是这个地方神奇，实际上是妈妈把自己的孩子给治好了。小孩需要跟妈妈待在一起，但是妈妈很忙，那么小孩就生病，生病之后，妈妈才会来照顾他，抱着他，跟他轻声细语地说话，哄他。在这当中其实就有了情感的交流，孩子感觉到关爱，就好了。顺着这个解释，一个妈妈并不需要求神拜佛，而是尽可能地多抱抱孩子，多和孩子交流，那么孩子就会好的。一开始陆菊人虽然把自己的孩子给“治好了”，可她不知道原因，她给了自己一个解释，就是安仁堂是个宝地。好在陈先生是一个良医，他并没有利用这一点为自己牟取更多的利益，而是说了一个自己的解释，一个更靠近真相的解释。

对某一种实践来讲，从实践总结出来的理论解释，我们总是要对它保持质疑。尽管陆菊人的解释是错的，但是她的实践“治”好了自己的儿子。同样，对精神分析来说，说不定现在的精神分析的理论解释也是有错的，尽管这并没有妨碍我们目前的实践。到底什么在精神分析当中起着作用，我们要始终对此保持怀疑，即使我们在实践中已经在用这些理论。

从质疑的角度，精神分析实践还是一个俗世的实践。精神分析实际上是在日常生活当中，在普罗大众当中，有钱人或者没钱人都有可能来做的分析，只要他有精神上的痛苦，或者他仅仅是想对自己有更多的了解。正是和这些红尘当中的人一同工作，精神分析才从实践当中揭示出某些东西，然后理论才将某些东西普遍化。这些东西并不是某一个先知说出来的。精神分析需要在每个人的临床工作中，在每个人那里表现出来。真正的精神分析需要在每个人那里得到揭示，它的实践需要在每位来访者身上具体化，也就是说，在临床当中我们要讨论到每一个来访者的具体的生活，具体的精神世界，精神分析不会预先规定某种具体的生活或世界要怎么样去被表达。

精神分析理论需要在每个精神分析工作者身上具体化，每个精神分析工作者都是一个具体的人，他们都应该建立自己的理论，这些理论也许从弗洛伊德、拉康或者别的精神分析家的理论那里吸收了很多养分，但是并不同于（当然也许还不完全反对）大家的理论。自己的理论是适合自己的，或者说得直接一点，我们是在给自己工作，并不是替那些大家工作。只有这样，精神分析实践才能有效果。我们需要在每一对来访者和精神分析工作者那里具体地看到，没有在他们之外的不可更改的必然的和神圣的东西决定着他们的工作。没有什么精神分析理论，不需要受到某个来访者和某个分析家的质疑。因此精神分析是俗世的，来访者和分析家在临床当中需要真正地感觉他们的感觉。这种质疑精神分析本质的精神，让精神分析保持着活力。

第二讲　精神病学的视角

拉康在从事精神分析工作之前，是一名精神科医生。这让他的精神分析理论从一开始就有一个精神病学的视角。也就是说，拉康从精神病人那里得到启示，这帮助他理解人类的精神世界，理解普遍人类个体的精神构建。

从1927年开始，拉康就在法国一家著名的精神病院——圣安娜医院进行精神病的学习与研究。他于1932年完成博士论文《论偏执妄想狂及其与人格的关系》。拉康在博士论文当中提到了一个重要的女病人，在论文中她化名为“艾美”（Aimée）。1931年6月，拉康开始对艾美进行治疗。艾美被诊断为偏执妄想狂，两个月前，在症状发作的情况下，她在一家剧院的门口刺杀一位女演员，但并未成功，女演员只是受了点皮外伤。警察在她家里搜出了大量的日记及未发表的文学写作材料，这些材料证实了艾美患有精神病，也帮助拉康理解她并对她进行治疗。

拉康在这之前已经阅读了弗洛伊德的很多文章，但是他对艾美的治疗只能算是一种带有“精神分析性质”的精神病学治疗。他对于自己不能很好地利用弗洛伊德意义上的精神分析心有不甘，而艾美的材料，也让他感受到了精神分析的魅力。

1932 年 6 月，大约在完成自己的博士论文之后，也就是差不多结束了对艾美的个案研究之后，拉康把自己当作一个来访者，开始接受个人的精神分析体验，他的分析家是劳文斯坦（Loewenstein）。这位来自柏林的波兰籍精神分析家，在当时的巴黎精神分析圈子里大名鼎鼎。此时，拉康已经认识到个人分析体验对于成为一名精神分析家的重要性。这一切让他开始从一名精神科医生转向一名精神分析家。在这个意义上，也许可以说是艾美把拉康“带到了”精神分析的领域。

1933 年 12 月，拉康在超现实主义的杂志《米诺陶》（*Minotaure*）上发表了一篇文章《偏执妄想狂的犯罪动机：帕潘姐妹的犯罪》。帕潘姐妹是亲姐妹，她们在法国西北部某城市的一户富裕人家当佣工，

1933年，这对年轻的姐妹在与女雇主发生争吵之后，将女雇主及其女儿极其残忍地杀死，这在当时的法国引起极大的轰动，此事后来还被改编为电影。从这篇文章开始，拉康运用自己在精神病学领域的经验，开启了对普遍的人类个体的理解，并把这些理解融进了他的精神分析理论，进而发展了精神分析理论。在这一点上，拉康不同于弗洛伊德。我们知道，对于弗洛伊德，是神经症患者做的梦开启了他对普遍人类个体的理解。顺便说一下，这一时期，在接受分析体验之外，拉康也开始接受黑格尔辩证哲学的影响，这种影响在拉康后来的研究中也一直有显现，我们后面在谈移情问题时会特别提到这一点。

精神病与主体人格演变相关

拉康认为，精神病主要不是以生物病理或者遗传病理的方式呈现的，而是以主体人格的演变状态呈现的。

所有的人类个体，在早期都经历过一个精神病的阶段，我们可以把它称作婴幼儿精神病阶段。这是人格发展的正常阶段，随着孩子人格的进一步发展，这个阶段会成为过去。从婴幼儿到儿童，再到青少年、成年，个体的主体人格会不断地演变，最后形成的样子就是我们现在的大多数成人：普通神经症患者。什么叫普通神经症患者？就是说，大多数成人都是神经症患者，都有神经症的症状，只是这些症状相对来讲比较常见，症状程度也不严重，不是病理化的。而且在文化的参与及通融下，大多数人类成年个体的症状都趋向于相似，所以我们才称之为普通神经症患者。

举个例子。我们在现实生活中有时会看到这样的场景：一个小男孩，只有两岁，如果是夏天，他会光着屁股，在家里、村子里，甚至大街上跑来跑去。这样的场景不会让我们感到惊讶，现实当中，甚至可能都没人会特别注意到。因为他是一个孩子，不管出于什么原因，不管这个孩子是真的怕热还是有意展示他的小鸡鸡，我们是能够允许这个孩子这么干的。但是这个孩子在成长，当他长大了，他就不能再这么干了；如果一个成年人还这么干，一定会有警察过来，用毯子把他裹起来，把他送到精神病院去。为什么？因为我们会说他是一个精神病人，是一个暴露狂或有露阴癖。也就是说，只有婴幼儿精神病阶段才能被人类社会普遍允许。

婴幼儿处在一种精神病的状态，但他是一个发展着的精神病人，他的精神病处在演变过程中。随着成长，孩子要在与环境的反复互动当中，建立主体人格，遵循环境（父母、家庭乃至社会）的规则。他必须压抑自己的冲动，内化与世界打交道的规则，他必须管理自己的身体，控制自己的言谈举止，渐渐地，他的精神病状态就消失了。这个过程要经过数年，经过人生的几个阶段，最后他就成了一个普通神经症患者。

而精神病患者，显然是在主体人格演变的过程中出了过多的问题。有一些主体人格的基本规则是成为一个普通人（一个普通神经症患者）必须要建立的，但是在精神病人那里没有。精神病人的成长经历，特别是早期的成长经历，不利于这些基本规则的建立。比如艾美，她实际上是家里的第五个孩子，但是她的大姐在五岁的时候因为衣服着火而被烧死，于是当艾美出生之后，父母就将大姐的名字赋予了她，她成为去世姐姐的替代。父母对失去的孩子有太多的内疚与思念，对她自然就特别宠溺，这让她与其他兄弟姐妹竞争时总是获得优势。又比如帕潘姐妹，她们显然没有与大多数人相似的童年成长经历，她们的父亲曾经与其姐姐是情人关系，后来她们又被抛弃在孤儿院里。

拉康抛弃了精神病人致病的生物性因素，或者至少将这一因素放在一个不重要的位置。主体的经历（特别是早期经历）是精神病形成的主要原因。

主体在人格演变过程中有一些根本性的规则需要建立，这些根本性的规则对于一个相对健全人格（普通神经症人格）的建立是必需的，如果这些本来应该要建立的规则并没有建立起来，那么主体人格就会有根本缺陷。这种现象，拉康用了一个词 forclusion 来表示，这个词实际上在弗洛伊德的文献当中已经出现了，德文是 Verwerfung。

Verwerfung 一词，弗洛伊德本人对它也有多种使用，给予多种意义，但是有一种意义经拉康大力发展，显得格外重要，这一意义用弗洛伊德的原话来说就是，“我将一切与自己不相容的表象连同情感一起拒绝，我表现得就像从来不知道这个表象是何物”[1]。forclusion 一词是拉康用来翻译弗洛伊德的

---

1 Freud，*The Neuro-psychoses of Defence*（1894），SE III.（SE 即 Standard Edition of the Complete Psychological Works of Sigmund Freud, James Strachey ed., Hogarth Press, London。）

Verwerfung 的法文词，拉康曾多次尝试用不同的法文词来翻译这个德文词，最终选定了 forclusion。拉康看重这个词在法律上的意义：丧失权利。拉康之所以选择此词，是想强调这种否定是在符号界（在实在界是无法给予否定的）的绝对否定。因为在符号界被绝对否定了，所以在“（不仅是意识的也在无意识的）我”中表现为不曾有过。然而这个否定之物在实在界里存在，当它想从实在界进入时，就只能表现为外在于“我”的形式，比如幻听、幻视，因此拉康认为，由 forclusion 造成的结构缺陷是精神病的关键原因所在。顺便说一下，对于 forclusion 的中文翻译，现在并没有统一。对应着弗洛伊德的原意，此词可以翻译成“排除”“断绝”“绝决”“决绝”“诀绝”；对应着拉康的理解，“吊销”“罢黜”“废黜”“丧权”都不失为适宜的中文翻译。我个人认为“诀绝”是个不错的翻译，此词在汉语当中不常用，但是“诀”的“言”字旁，亦可暗指这一断绝是在符号界内的。关于符号界与实在界等概念，我们在后面的相关章节会继续讨论。

那么在这里，我们碰到一个问题：精神病和神经症是截然不同的两个结构，还是它们有连续的状态？显然，刚才讲到了一个连续的状态：儿童精神病，通过人格演变，在个体的人生经历之中，变成神经症。但是在人格演变过程中，如果一些根本性的规则没有建立起来，那么结构就没有发生根本变化，就不会发展成神经症的结构。在这个意义上，精神病结构与神经症结构就是两个不同的结构，它们之间有着根本的不同。断裂还是连续，就是一种辩证的关系。这里，我们就能感觉到拉康受到了黑格尔的影响。

攻击性是精神病的源头

拉康认为，精神病意义上的攻击性是一种完全被迫的、完全无意识的攻击性。

我们先来说最明显的情况。当一个精神病人症状爆发，对他人进行攻击时，精神病人会完全意识不到他在攻击别人，相反他还会觉得自己是一个受害者，是他人在伤害他，他所做的只是被迫反击，保护自己。当艾美攻击那位女演员时，她认为那位女演员一直在迫害她，一直在媒体上发表言论攻击她，当然这都是艾美的幻想。帕潘姐妹在谋杀女雇主及其女儿之前，她们还向当地警察报警说有人要“迫害”她们。谋杀发生的当晚恰巧停电，拉康后来分析，停电可能对于帕潘姐妹有着某种无意识的意义，她们可能认为这是雇主对她们的故意攻击与刁难，这让她们不得不反抗。

也有不明显的情况。比如，你有一个同事，有一天你看了他一眼，仅仅是看了一眼，说不定同时你还笑着打了一个招呼。对你来说，这一眼并没有特别的意义，但是他由于处在某种心境当中，觉得你这一眼让他不舒服了，你在向他表达敌意，你想攻击他，或者他觉得你已经在攻击他了。那么，他可能会做一些自己也不是特别明白的事情，这些事情是在或明或暗地针对你，攻击你，但是在他看来，这些事情绝对没有攻击你的意思，甚至是为你好的，是在帮助你。你可能还蒙在鼓里，可是日子久了，你也会有所察觉，也许有一天你也不耐烦了，你冲他发火了，告诉他：离我远点，不要烦我。但你的行为恰恰让他确认，原来你真的一直不懂他的好意，还一直在攻击他。

精神病人的这种攻击性是被迫或完全无意识的。但拉康发现，所谓正常人，也就是普通神经症患者也有攻击性。只是正常人会把这种攻击性控制（压抑）在一定程度，他能意识到自己的明显攻击性，他会以一种更柔和或更高级的方式表达出来。一个社会化程度很好的人，他的攻击性会根据现实来调控，相对来讲很具有弹性。当然有些人在控制攻击性的过程中，显得有些僵化，也没有做到很好地适应现实，这就是一些病理性的神经症了。个体的攻击性被完全封闭在某个地方或完全敞开在某个地方，都可能是精神病性质的。神经症结构的个体，多多少少都成功地压抑了一些攻击性。

拉康从精神病人的表达当中，从他们的身体表达当中，或者从他们的胡言乱语当中，发现人类在所谓的正常理智背后普遍有着攻击性。只是在精神病人这里能看得比较明显，而在所谓正常人那里，因为他们把攻击性伪装得很好，控制得很好，攻击性显得对他们来讲并不是必然的。

其实，攻击性本身并不是那么可怕的东西，我们可以把心理意义上的攻击性表述为一种正向的、积极的动力。比如，你向我提了一个问题，提问就可以理解为一种攻击性的表达，因为它表达了你对我所说内容的不理解，甚至是对我的质疑。但是，你以提问的方式进行表达，这是很恰当的，这个攻击性能被我接受。你的问题会促使我思考，可能会让我改变，这也可以说成是你以你的问题入侵了我，占据了我。同时，我接受这个问题之后，我的回应可能也是对你的进攻，但是我的进攻能让你多少同意我的观点，也可以理解成我的进攻在某种程度上入侵并占据了你。在生活与工作当中，这种正向的攻击是经常出现的。

拉康认为在人格建立的过程中，攻击性必不可少。攻击性是个体之间互动的前提，如果一个婴儿没法被攻击，就没有什么东西可以进入他[1]的身体与精神，也就是说，这个婴儿没法接受外界，没法进行改变，没法进行人格演变。当然，只有病理性的攻击性，才会带来麻烦。

攻击性在幼儿的性欲理论中有很好的体现。在弗洛伊德的精神分析理论中，幼儿性欲理论被认为是主体人格演化的基础。幼儿都会明确地或者不明确地提出一些关于人的根本问题，比如：人从哪里来，我是谁？男人还是女人？作为人，我要怎么做？对这些问题，幼儿会有自己的答案，并且，不管文化在其中起了多大的作用，答案都具有自己的独特性。这些回答就构成了弗洛伊德所说的幼儿性欲理论，其实更准确地说，这些回答就是幼儿对人之存在的想象。这些想

1　本书在使用“他”指代婴儿时没有性别偏向。

象与受到的攻击有关：孩子的出生要么与吞噬或排泄有关，要么是父母在“打架”的结果；男孩会受到阉割威胁，女孩则是已经被阉割，等等。这里，我们看到攻击性与幻想、想象联系在一起了。

在明白语言的重要性之后，拉康说得更加直接，他认为人类的孩子必须受到语言（能指）的攻击，正是语言在孩子身上打了无数的洞，才让孩子成为真正的人。关于这一点我们在后面的章节中会继续讨论。

精神病患者会将自己的内在幻想转移到外部

精神病患者会将自己的攻击性转移到别人身上。比如艾美和帕潘姐妹，是她们想攻击别人，却说是别人想攻击她们。如果在外界找不到具体的对象来放置这种攻击性，精神病患者会把这个感觉投射到外界的一个虚幻形象之上，这就造成了幻听或幻视等幻觉。幻听的精神病患者是真的听到一个声音，但这个声音是他自己内部的，只是他不能把它放在自己的精神内部。这个声音似乎是被排除出去了，但其实并没有离开患者，所以他总能听到。

就好像有人要把另一个人赶出房子，可是这个人又不能离开这个房子，因为这个房子本来就是他生活的地方。于是，被赶出去的人离开房子之后并没有离开，而是直接挂在房子的窗户上、门背后。幻听的精神病人，总是觉得他们家门外有人在说话，这就是这个现象的真实表现。如果攻击他的幻觉总是成功，那么他就会陷入精神病性的抑郁。在这个意义上，我们说精神病人的抑郁是自己在攻击自己。

实际上，在我们这些所谓的正常人这里，也能发现这种向外的投射转移。比如，我们也很难看到自己的缺点。我们会说身边的人有某个缺点，而实际上这个缺点正是我们自己所关注的，别人可能并不是那么在意。只是所谓的正常人会对这种转移多少有些意识，会根据外界的反应做一些调整。他们常常还是拿不准自己的感觉，所以也没有那么轻易地只根据自己的想象去攻击别人。

精神病患者会把自己的问题转移到别人身上，因为他很难控制自己的精神世界。我们也可以换一种说法：精神病患者实际上分不清外界现实和内心幻想。一旦他将内心幻想投射转移到外界，外界就和他的精神世界混淆起来。人类的内外世界的界限是后天建立起来的，精神病患者应该是在建立内外界限时出了问题，所以才会很容易混淆内外。临床上有一个基本判断：精神病患者在症状发作的时候，他的现实感几乎是没有的。这个时候，精神病患者显然不适合生活在一个无监护的环境当中，他应该住进精神病院，得到系统的看护，这才是对他负责任的做法。

那么，为什么一个精神病人内心里装不下这些攻击性？因为这些攻击性带有强烈的情感，是强烈的恨或爱。对于人类来说，是这些情感感受决定着个体攻击性的强度，决定着我们与世界交往的基本模式。前面说过，攻击性是人类普遍都有的，只是在精神病患者这里，攻击性带有的情感太过激烈，无法控制。在所谓的正常人这里，我们的攻击性相对能得到控制，恰好只是因为情感能以我们每个个体可以承受的方式装载在内部了。是情感决定了我们的人格，或者说，恰恰是我们的爱和恨，成就了我们。这一点也许印证了佛家的说法：人是有情物。关于爱恨，我们在后面的章节也会继续讲。

重视精神现实

精神病人和神经症患者之间的区别在于，能否区分幻想与身边的现实。那么在这里，我要提一个问题：什么是现实？当一个精神病人有幻觉的时候，当他觉得门外有人想迫害他，他身边的所谓正常人当然知道这不是真的，可是这个精神病人坚信是真的。这个时候我们想用理性告诉精神病人真相，我们跟这个精神病人说：你错了，你讲那个不是真的，门外没有人要害你，这完全是你想象出来的。可是这个精神病人会坚持他的感觉，他的感觉如此之强烈，以至于你根本没法说服他，他反而会认为你是错的，甚至说出许多你难以辩驳的理由。

所以，我们发现这不是一个理性的问题，不是一个说理能解决的问题。在此我们能看出，所谓的现实、所谓的真相，我有我的，他也有他的。精神病人认为的现实，在他们看来就是真实的，真实得就像外界客观现实一样。正因为和外在现实一样，所以也就与外在现实混淆，无法区分。精神病人认为的这个现实，只是一个精神上的现实，精神上的主观现实。我们可以将精神现实等同于幻想。精神病人的幻想无法压抑，直接暴露出来；而普通人的幻想，很多是能够被控制与压抑的。由此我们也就发现：从幻想当中能看到个体的无意识内容。

也许所谓正常人在这里会觉得庆幸，因为他能够把幻想和现实区分开来。但是更准确的说法是，我们人类个体在生命开始时都是生活在主观现实里的。是在与他者（最开始是母亲）的互动当中，在人格的演化过程中，个体才区分了内外，把这个世界客观化。每个正常个体多多少少都能确认世界本来在那里，是先于个体存在的。也就是说，区分现实与幻想，是人格演化的结果，而在婴幼儿时，我们和精神病人是一样的。

这一点提示我们，精神分析的工作，在很大程度上就是和精神现实工作，也就是和幻想进行工作。精神病患者没有和外在世界达成妥协，在幻想与现实的关系上有着根本性的失败。而神经症患者，就算能区分幻想与现实，幻想显然也会经常侵扰他与现实的关系。精神分析并不解决一个人外界现实当中的问题，就像你欠了别人钱，精神分析家不能帮你还钱，甚至也不能教你挣钱的方法。以为和精神分析家工作，就能得到足够的方式解决自己的财务问题，这本身就是一个幻想。

但如果你因为欠了别人的钱，变得抑郁，甚至想去自杀，那么，精神分析家就可以和你进行工作，和你的幻想进行工作，即和你的精神现实进行工作。拉康将幻想（精神现实）定义为主体与客体（外在世界）的关系。当你明白你的精神现实是怎么一回事，你自然就更加明白自己，更加明白自己与外界的关系，更能够接受现实。外界现实不过是内在精神现实的某些反映，当你明白这些，你就有可能根据自己的现状，找出一个对你来说更合适的方式，来处理外在的现实事务。

围绕精神病人所做的工作，让拉康认识到没有被体会到的精神现实就是无意识。

语言是精神现实的载体

拉康说精神病患者的无意识是向天空敞开的，就是说精神病患者没有区分内外，没有现实感，他们在症状发作时会讲很多话，这些话语只有他们认为是真的精神现实。因此在我们与神经症患者进行工作时，我们也明白只有语言才是来访者精神现实的载体。因为我们没有办法进入来访者的精神世界去探知他的精神现实，除了来访者能给我们讲一些话。来访者给我们讲述的这些话，是来访者很主动很自愿地给我们讲述的，但是他未必真的知道他想表述什么，他表述的又是什么。常常是在讲述当中，在来访者认为不重要的地方，才有一些东西是真正体现主体幻想的，是他精神现实的真正表露。

因为神经症患者能够区分现实与幻想，也就是说，他对精神现实有着压抑。他的压抑让他不知道自己的精神现实并且还时时提防着它。这时，那些精神现实只能在防御最薄弱的地方现身，也就是说，体现神经症患者精神现实的话语，可能出现在来访者认为最不重要的一些述说里，在这些不重要的述说当中，压抑会放松警惕。

比如，在工作中，一个来访者正对她的精神分析家陈述着她和爱人之间的烦恼。那天天很热，她顺口说了一句："天真热，我有点口渴。"这似乎是一句插入语，因为随后她又继续讲别的事情了。但是，这个"口渴"并没有逃过精神分析家的耳朵。它可能并不仅仅代表她真的想喝一口水，可能还在表达她在另一个层面上的缺失。很可能她在表达她渴望一个新的爱人，渴望一个新的爱的客体。她幻想着更换爱人，换一个更让她满意的丈夫。但是这种幻想不被道德接受，所以她需要压抑。只是压抑的东西，还是在来访者不经意的时候通过“口渴”表达了出来。“口渴”在这时有它的另一层意思。

体现神经症患者精神现实的话语，更可能出现在来访者的口误当中。当一个神经症患者跟我们讲话的时候，突然会讲错一句话或者一个词。这讲错的地方有着精神现实的打扰。来访者原本对他说的话控制得挺好的，想让他的话符合外在的现实规范，他想在分析家这里有一个很好的形象，可是他的某些精神现实，会在某个瞬间背叛他，在他的表述当中找到缝隙，让他讲错话，出现口误。所以，口误承载着来访者的真实的精神现实。拉康在重新阅读弗洛伊德的著作时，对弗洛伊德的《梦的解析》《玩笑及其与无意识的关系》《日常生活的心理病理学》有着很高的评价，因为这些书里讲了很多口误或者类似口误的例子。

从前面的讨论我们也能看出，对于精神分析来说，在临床工作的时候，不是我们讲的话重要，而是来访者讲的话更重要。精神现实不是精神分析工作者讲出来，而是来访者讲出来的。精神分析工作者需要做的，就是倾听这种连来访者都不知道的带有他精神现实的话语。在临床工作的时候，来访者需要做的，就是尽量让自己的话语流淌出来。这也是弗洛伊德说的自由联想。

分析治疗中的直觉更多地帮助我们去理解而非进行逻辑推理

来访者在面对一个人讲话时，无论如何都没有办法做到让话语完全不受控制地流淌出来，但显然要尽量做到这一点，因为只有这样才可能知道我们想要了解的精神现实。如果说自由联想是个不靠谱的方法，那是因为实际上没有什么其他方法比这更靠谱。让话语进行讲述，通过我们的口和我们的身体进行讲述。这是很具有拉康派特点的一句话。通过我们的身体把话讲出来，有时候这些话语还是处在彷徨之中的话语，来访者完全处在一种迷茫当中，他也不知道他讲的内容有什么意义，他的分析家也不太清楚这些话语的意思，可能需要在一段时间之后这些话语的意义才能被来访者感觉到。那么，精神分析工作者如何在不太清楚话语意思的时候就注意到这些话语呢？有必要时，在一段时间之后还能告诉来访者他之前说过的话语。这时，在分析中，更多地是直觉而非逻辑推理在帮助我们理解。

直觉和精神分析工作者的无意识连在一起。如果精神分析工作者本人接受了足够的分析，此时他就可以根据来访者的话语，做出一些直觉性的反应，而这一直觉性的反应很可能在推理上是说不过去的。何况，当一个精神分析家听到一段话语或一个词时，他是没有时间做出推理的，他只能根据直觉在当下就给出一个回应。

比如，当来访者讲他做了一个梦，梦里面他开车把另外一个人的车给撞了。从逻辑推理上，你显然不能说撞车是一个示爱的表达，这毫无逻辑可言。但作为精神分析家，如果你能够记起此前他曾说到，自己在幼儿园大班的时候因为经常有意用身体冲撞女生而被老师批评过，那么你就可能会知道，梦里的两个车撞在一起实际上是一个示爱的过程。只是这个来访者没有办法直接表达出这种感觉，所以才用这种象征的方式表达了。显然在这个时候，分析家可以提示来访者，他已不是第一次提起关于“撞”的事情了。这个提示也许能让来访者来到他的精神现实面前，面对它。

精神分析工作者的倾听与干预，也是精神分析很容易受到批评的地方，因为它常常没有明确的逻辑可言，仅是直觉的反应。尽管来访者因此认识了自己，但对另一个没有这种经历的人来说，他可能觉得这是荒谬的。所以，和一个没有接受过精神分析体验的人谈精神分析的体验，有时候是困难的。甚至这样的工作过程与工作效果也是很难直接挂钩的，来访者自己有了一些变化，但他也很难说这和精神分析工作者的倾听与干预有什么直接关系。

弹性设置

在精神分析临床工作当中，我们需要让直觉参与其中，也可以用另外一句话来理解：在精神分析临床工作当中，我们要和来访者的无意识相遇，需要让精神分析工作者的无意识和来访者的无意识相遇。无意识本身没有时间性，我们在工作时并不知道两个人的无意识会在什么时候相遇。或者说，我们不知道在什么时候来访者的无意识会通过他不经意的话语、口误，或者通过他的动作、过失行为呈现出来，也许会意想不到地突然冒出来。因此从这个意义上讲，一次精神分析临床工作的会面时长，在某种情况下应该是弹性的，它并不是一定要有一个固定的时长。

每次工作的时长应该根据当时的工作内容来决定。拉康讲：在无意识升起的时候我们予以回应。在无意识升起的地方予以回应，最好的一个回应方式，就是我们停在这里，让这个瞬间被抓住，这有点像相机拍摄到一个精彩的瞬间，定格一个画面。因此，对拉康来讲，每次工作的时长是不一样的。人们常说拉康派是短时的分析，这显然不是一个正确的说法。拉康派并不是短时的分析，而是弹性时长的分析，有长时，也有短时。

当我们发现来访者的话语里有来访者的精神现实表现出来的时候，也就是说，有一个无意识表现出来的时候，我们就应该停下来。如果我们在无意识表现出来的那个瞬间没有抓住它，来访者的继续讲述很可能会把这个突然冒起的无意识给掩盖过去。

“在无意识升起的时候予以回应”，这一理念导致临床工作时长不定，让拉康受到了很大的非议，他后来被国际精神分析协会开除，和他的这种临床做法关系很大。但是拉康坚持这样做，即使被开除；他宁愿重新成立新的机构，也不因此而妥协。

我需要在这里强调，拉康的这种坚持跟中国思想有很大的关系，特别是跟禅宗思想有很大关系。1953 年，拉康在他的第一个公开讨论班的最开始就表明了他这一做法和禅宗的关系。他说：禅宗师父在他的徒弟即将开悟的时刻当头棒喝，这个徒弟就开悟了。禅宗修行并不是一个人进行，还需要有一个他者（这里是师父）在场，徒弟开悟不是在固定时间，而是要找准时机，在开悟的时刻来临时，当机立断，予以回应。在精神分析临床工作当中，也就是当无意识冒起来的时候，就敲（回应）一下。如果一次分析的会面原本可能是五十分钟，但是在二十分钟的时候，就有一个很重要的东西冒了起来，那么，该敲的时候就要敲一下，该停下来的时候也应该停下来。拉康派的分析设置是弹性的，这应该是拉康对精神分析临床的一个重要发现与变革，他之所以对这一变革那么有底气，我们能在其中看到中国文化对他的支持。

在拉康本人后期的临床工作中，很可能确实有一个原因让他压缩了工作时间，那就是来访者实在太多了。压缩时间本身会带来一种急促感。比如你去一个分析家那里，只能讲二十分钟，而且随时都可能被打断，那么你就要讲得很快，因此也很容易出现口误，于是你的无意识，你的精神现实很容易冒出来。另外，当时拉康的很多来访者是已经在别的分析家那里做了数年分析的人，他们对精神分析的设置有很多了解，来拉康这里是为了感受更多的分析风格，感受拉康对口误的犀利捕捉。

尽管有以上两个原因，我们可能还是要说拉康晚年将分析时间缩短的做法，确实有点滥用自己的重要发现与变革。但是我们不能因此就否定拉康对分析设置进行变革的价值。总体上来说，拉康认为分析时长应该是弹性的，实际上他也做长时的分析，有的分析会面也持续五十分钟甚至更长时间。弹性的要点在于:要根据每次分析的进展和内容，根据来访者无意识的突然冒起，决定每次会面什么时候停止。每次的时长都不是事先能确定下来的。

让最具攻击性的话语得以讲述

最后，我们来谈一下精神分析临床工作的目的：让来访者的话语得到表达，特别是让最具攻击性的话语得以表达。从精神病角度对人类个体的普遍理解出发，我们知道神经症患者（也包括所谓正常人）的内心有着很多被封闭的攻击性。封闭在我们无意识里面的攻击性，并非不影响我们，而是随时打扰我们，让我们攻击自己或攻击别人，让我们处在一种很糟糕的生存状态当中，或者让我们处在一种迷茫当中，甚至让我们发起进攻。但为什么攻击，攻击谁，有时候我们自己都没有搞清楚。

精神分析的临床主要是来访者自由言说，在此我们就进一步理解了弗洛伊德所说的：说出那些来到你脑海里面的话语，把你压抑的无意识内容讲述出来。我们要让话语得到表达，让最害怕的东西，最具攻击性的东西，从这些话语当中表达出来。精神分析的临床工作要围绕这一点进行，工作中的直觉与弹性设置也是为此目的。

实际上，拉康派精神分析并不排除那些语言之外的东西。这些东西是攻击性的，是与强烈情感相关的，但是很难用语言表达。如果它们被排除在语言之外，那么它们就被拒绝在主体的人格演变之外，而这些东西又是一个所谓的正常主体人格必须要有的；如果没有，主体的人格就会出现这样或者那样的问题。拉康派精神分析关注语言，非但不排除那些高于语言或低于语言的东西，那些前语言期的或者环绕着语言的东西；恰恰相反，它们要把这些编织进语言，让这些东西能通过语言表达出来。

第三讲　镜子阶段

文章背景

这次我们专门讨论拉康的一篇文章《镜子阶段》。

《镜子阶段》是1949年拉康在第十六届国际精神分析会议上做的演讲。这个演讲完整的题目是：镜子阶段——作为“我”的功能之形成，这是精神分析经验所揭示的。题目有三个部分：第一部分，“镜子阶段”是全文的关键概念；第二部分讲这个关键概念要谈什么——“我”的功能是怎么形成的，这是文章讨论的主要内容；在第三部分，拉康强调，这个概念的提出和精神分析的经验是连在一起的，是从精神分析的临床实践中得出来的概念。这里回应了我们前面说过的：精神分析首先是实践。

实际上，1936 年在捷克马里昂巴举行的第十四届国际精神分析会议上，拉康就做过这个报告。但是那次参会经历对年轻的拉康来说，一点都不愉快。1936 年 8 月 3 号下午，这位 35 岁的法国精神分析家刚刚开讲十分钟，某句话还没有讲完就被当时的大会主席、弗洛伊德的学生欧内斯特·琼斯打断了，于是拉康结束了发言。后来拉康并没有把这篇文章提交到 1936 年的会议论文集里，拉康本人也没有将发言保留，所以 1936 年的《镜子阶段》的完整内容现在找不到了。但是在去马里昂巴之前，拉康曾在法国精神分析的小圈子里介绍过这篇文章，当时有人做了记录，比如弗朗索瓦兹·多尔多，她后来成为拉康最重要的一位战友。根据多尔多的记录，1936 年拉康讲述的内容更多。1938 年，心理学家瓦隆（他其实是“镜子阶段”的最初提出者，不过是在实验心理学领域）邀请拉康为《法兰西百科全书》撰写精神生活涉及家庭的相关文章[1]，拉康在其中阐述了 1936 年文章的主

1　文章发表于 1938 年 3 月，分两部分。第一部分的标题是 La famille：le complexe，facteur concret de la psychologie familiale；第二部分的标题是 Les complexes familiaux en pathologie。现在通称为拉康的“家族情结”文章。

要观点，因此“镜子阶段”这一观点的提出时间，被确定为1938年。

1936年之后，纳粹主义在欧洲肆虐，犹太人惨遭厄运，第二次世界大战全面爆发。1936到1949年这十三年间，精神分析的法国同行在实践中观察和运用了“镜子阶段”这个概念，发现它是有益的。1949年，国际精神分析协会在瑞士苏黎世举办第十六届国际精神分析大会，受到鼓励的拉康又一次就《镜子阶段》发表了演讲，这一次他完整地宣读了他的文章。我们现在看到的《镜子阶段》第一段最开始的那几句，讲的就是这个背景。

在文章第一段的最后一句话，拉康提到了笛卡尔的“我思”哲学。拉康说，我们从精神分析经验中得来的结果和“我思”哲学是相反的。笛卡尔那句著名的“我思故我在”，是说我们人类有思考，那我们就有意识，能意识到“我”了，“我”能思想标志着“我”的存在。但是精神分析的经验揭示的并不是这样。到底是怎么样的呢？拉康这篇文章要回答这个问题。这里我们能看到拉康的理论发展参照着法国哲学，也质疑着法国哲学。

镜子阶段："我"的形成

"镜子阶段"首先是一个现象，就是大约从六个月开始，孩子会对镜子发生极强的兴趣："这个（照镜子的）行为在孩子那里则是立即引起一连串的动作，他会在其间趣味盎然地证实他的形象所承担的运动与照在镜子里的环境的关系，以及这一大堆虚像与被它所复制的现实之间的关系。这一现实即是他自己的身体、其他人，甚至那些在他周围的物体。"[1]要注意到这里提到了两个关系：第一个是他在镜子里的影子（形象）与镜子里影子周边（环境）的关系，第二个是镜子里的所有虚像和镜子外的现实的关系。婴儿的感受正是在这两个关系当中来回往复。在这种来回往复当中，婴儿看到镜子里的所有影像都能在镜外现实中找到对应，但是除了一个影像：婴儿自己的脸。其实所有人都不能在现实中看到自己的脸，因为我们的

---

1 本章如无特别说明，引文都出自作者翻译的拉康的《镜子阶段》（*Le stade du miroir comme formateur de la fonction du Je telle qu'elle nous est révélée dans l'expérience psychanalytique*, 1949[1936]）。

眼睛长在脸上，我们是看不见自己的脸的，我们要看到自己的脸，必须借助于外物（镜子，或者类似镜子的东西）。同时，婴儿能感受到，镜子里所有在现实中看得到的影像都与这个在现实当中看不到的影像有着关系，它们围绕在这个看不见的影像周围。婴儿会尽力地做一些动作，来感受这两个关系。

在照镜子时，在这两个关系的往复中，婴儿终于有一天认出：镜子中的那个影子，那个在现实当中找不到对应物的影子，它对应着现实中的他自己的脸，那是他自己！这是一个飞跃。一旦婴儿认出这一点，他会“在镜前有着令人吃惊的表演，他还不会走路，甚至还站不稳，但这个完全倚仗他人抱持或人工支撑物（在法国我们叫婴儿学步车）的家伙，却在兴奋的扑腾中挣脱支持的桎梏，将自己的形象悬置在多少有些倾斜的姿势中，以便让其形象的某一瞬间重现，并使其定格”。婴儿在这些表现之中体验并确认自己的形象。

“在分析赋予‘认同’这一术语的全部意义上，当他承受了一个影像时，在主体那里就有一个转变。”从这句话中可以看出，拉康认为要将镜子阶段理解为“认同”。弗洛伊德的理论是这样认为的，这一理论后来在克莱茵那里大大增强：主体就是要在外界捕捉一些“意象”（imago），然后摄入这些意象并内化，让其成为自己内在精神的一部分。自己在镜子里的影像就是一个基本意象。

上面这句引文，有两个词需要特别注意一下。首先，拉康在这里说到一个词“承受”：一旦婴儿在这个时候认出镜子里的影像是自己，他就将自己投身到这个影像当中，承受了这个影像，让其代表了自己。“承受”这个词有主动迎上承接、突然接受的意思。它的法语是 assumer。也许“圣母领报”的故事能帮助我们理解这个“承受”。当大天使对马利亚说：你愿意做耶稣的母亲吗？马利亚立刻答应了，领取并承受了作为耶稣母亲的形象。马利亚是主动迎上去承担这个母亲形象的。因此，在法语里，圣母升天节是 assomption，它的词根也是 asso（u）m，和“承受”的词根是一样的。

另外一个词是“转变”（transformation）。一旦这个婴儿承受了他的影像，那么他的主体就发生了一个转变，这个转变意义重大：“我”最开始的样子在这个时候就形成了，一个毛坯的“我”就成形了，并且这个影像，这个“我”从此要开始代替主体行动了，这个“我”从此要以主体之名与这个世界打交道。这也就是拉康所说的：“我”突显成一种原始形式。它强调婴儿有一种突然明白的感觉，刹那间，“我”就突然形成了。拉康认为，原初认同就是主体转变成“我”的过程，认同的是一个特别的意象：镜子里的自己的影像。

“然后，这个‘我’才在认同他者的辩证关系中客体化，语言才在普遍中为‘我’还原其主体功能。”

突显出来的一个原始形式的“我”，还要通过两个过程，才能代表主体进入社会。第一个过程就是继续认同他者，认同他身边的人，将身边人的言谈举止向内投射（内摄）为自己的一部分。这中间有一系列的辩证反转，有些内摄的东西可能又会外投，有些外投的东西又会内摄，然后慢慢地就能客观地认识“我”，即哪些是“我”和“我的”，哪些是他人的，这就是在辩证关系当中客体化。第二个过程就是习得语言，这里指一个文明群体的语言，比如汉语或者法语。当一个孩子开始习得语言，他就可以和讲这种语言的群体进行互动，从而进入人类社会当中，这个时候的“我”才成为被普遍他者接受的“我”，在社会上行事，为主体执行功能。现在看来，这两个过程并没有明显的前后顺序，是交替的。

这里补充一点：几年之后，拉康对语言有了更多的认识，他认为婴儿在建构自身时，语言（能指）最开始就起着重要的作用，甚至认为人就是“言说的存在”。当然，那时拉康讨论的语言是结构语言学意义上的语言。本书会在后面继续讨论这一点。

“我”是虚像

婴儿认识“我”，认识自己，必须要借助外界的物体，要借助和外界的互动。这里，婴儿看到的自己的形象其实是个虚像。因为这个形象是镜子里面有的，是显现在外界客体上的影像。这显然是《镜子阶段》中最重要的观点，值得细细体会。

我们可以将镜子阶段发生的这种情况，看作一个典型场景。实际上，在现实生活当中，这个镜子可能就是他人，一开始很可能是母亲。再具体地说，如温尼科特认为的，就是母亲的脸庞。孩子可以从母亲的脸色上看到母亲对待孩子的态度，而孩子能将之体会为他在母亲那里的形象，并且孩子会认同这个形象，将之看作“我”的样子。我们设想：如果一个妈妈看她的孩子时，总是一副嫌弃的表情，这个孩子就会认为自己是不好看的；那就不难理解这个人长大之后可能总是自卑了。由此，我们看到自我是在想象中构建的，带有极强的个体性，与个体早期经验关系密切。“我”到底是个什么样子，显示它的“镜子”显得十分重要，“我”本质上是一个通过镜子（包括母亲的脸庞）被看到的虚像。

这种虚像是自我的根本。拉康说“在社会决定之前，这种形象就把‘自我’的机构置于虚构之途中，这一虚构之途对单个个体而言永远无法减缩”。自我尽力代表主体，只是不管怎么做，自我都只能尽量靠近主体，它和主体并不是一回事，它说到底只不过是“主体在他者那里反映出来的影子”。没有一面镜子能完全反映和复制出镜子外面的那个人。“这一虚构之途最多也只能是尽量让‘我’靠近主体的生成，无论其辩证整合如何成功。”就算辩证整合做到极致，也不能将主体和“我”合二为一。“我”代表着主体去解决它和现实的不和谐，现实多舛，和谐不易，这足够让人泄气。但是更让人泄气的是，从根本上讲，主体本身和“我”之间也是不和谐：“我”是虚幻的、外在的，主体是实在的、内在的。

1936年时，国际精神分析协会内部也正发生着分歧，安娜·弗洛伊德正在将精神分析引向自我心理学，她受到了克莱茵派的巨大挑战，打算将精神分析治疗的目的归结为：让自我强大起来。可是拉康当时认为：自我是虚假的。在这里，拉康对弗洛伊德精神分析理论当中的“自我”的形成提出了根本性的质疑，自我不是内在的，自我在虚构之途上，我们让自我强大的所有做法都是虚境里的操作，都是镜中花水中月。拉康认为，精神分析的临床工作对象应该是无意识的主体，而不是这个“我”。这篇文章对于自我心理学的冲击力是巨大的，所以就不难理解弗洛伊德的忠实学生琼斯在那时打断了拉康的发言。

主体和“我”的不和谐

拉康在文章中进一步分析了主体和“我”的这种不和谐。

一个小孩就算长到十八个月大，他自己的神经系统发育还是不完全的，就算会蹒跚走路了，精细运动还是很紊乱，小孩没有办法控制好自己的四肢，他觉得自己的身体不受控制，他有一种破碎感。但是，镜子里面的形象，虽然是一个虚像，却具有完整性。这与主体本身感受到的“充满活力的运动紊乱”，也就是主体的破碎感，形成了鲜明的反差。

而且，外在于主体的镜子里的完整形象是主体身体颠倒式的反映。因为对于镜像来说，现实的左边在镜子里面是右边。比如，一个人对着镜子整理头发，最开始的时候是很别扭的，他想往右边整理，但是下手之后却发现其实是往左边整理了。再比如，在幼儿园里老师面对着小朋友，带领他们做体操，老师动左手的时候，小朋友很多是动右手的。这表明，我们根据镜像做出对主体的调整，可能会适得其反。

而且，外在形象反映不了主体的全部内心。我们的内心世界远比外在形象丰富。比如，人们看到一个婴儿在哭泣，但是未必知道他为什么哭泣。饥饿？生病？还是仅仅因为洗脸时不小心让耳朵里进了一点水？婴儿的内在感受不会完全在身体的影像里显现出来。在成年人那里也是一样的，只不过成年人可能更多是出于压抑才不让情感表现在“我”这里。认认真真地坐在课桌前听课的大学生，我们其实并不知道他是否真在认真听课，也不知道他是否在心里不断评价：这个老师讲的什么乱七八糟的东西。中国有句古话叫“知人知面不知心”，很好地表达了这种状态。

外在形象和内在感受的矛盾，实际上是“我”和主体的不和谐。但是，所有人类个体在想象当中，都认为会有一个完美的代表主体的理想自我，这个理想自我是不会和主体有冲突的。如果有冲突，那么就是这个理想的“我”不够完善，“我”还需要调整。“我”要不断地调整与外界的冲突，认为只有这样自己才能完美地代表主体行事。一个个体调和这一内外之间的冲突，就变成了不停地调整“我”的形象以及“我”与外界的关系。

正是在这个意义上，拉康在文章的后面扩展了“镜子阶段”这一概念。主体在镜子阶段形成了“我”时，也同时形成了“我”和周围的关系。就是说，“我”与世界的关系等同于：镜子“我”这一虚像与那些反映在镜子“我”周围的虚像的关系。或者说，我们的身体形象在生活中与他人的关系是来自镜里虚像之间的各种关系，即“我”和世界都在镜子里。比如，《聊斋志异》里有一个叫《画壁》的故事，讲的就是这样的调整。那个墙壁就是一面镜子，主人公跳进去之后就到了另一个世界，他在另一个世界里与他人构成各种美好的随心所欲的关系。同样，在睡梦中我们也能看到这样的调整。梦境也是一面镜子，身体形象不管牵涉我们身体的什么特征，它常常和我们的外在现实并不那么相符，甚至不相符得让我们吃惊，以至于醒来都不认识梦中的自己，这是对自己的形象进行调整；梦里梦到的与他人的关系，也常常是古怪离奇的，这是我们在调整与他人的关系。“我”让内心世界以更丰富的形象把这些想象当中的调整表达出来，而这些形象与外在现实的形象是不一样的。

而实际上，外在现实也不过是内心的东西在外界被看到的一种方式而已，我们在现实生活当中也是根据我们的想象来调整自己的形象以及与他人的关系。正是在这里，拉康说：镜像看上去是可视世界的门槛。也就是从根本上说，我们看到的其实都是从镜子阶段而来的“我”以及“我”与周围的关系。外在现实被投向了内在的想象，也就有了一种精神现实，它不是纯粹客观物理的存在。精神分析是在精神现实中工作的，我们了解幻想和梦里反映的精神现实，也要了解现实当中透露出来的精神现实，这样也就了解了我们曾经是怎样构建自我的。自我是这一想象的产物。

主人公会从画壁中下来，做梦人会从梦境中醒来，而现实总有不顺我意的地方。所以，这种想象的调整，带来的只是暂时的和谐。这些暂时的和谐会有很多美好时刻，但是，世界与“我”、“我”与主体的不和谐终究无法调和。这和人类的器质性现实是联系在一起的。

人类有自然现实的器质性不足

拉康在文章当中分析了格式塔，但他讨论的落脚点在认同，他认为格式塔也只是一种认同。拉康特别强调了异形认同，实际上这是在谈“我”与周围的关系。他肯定了罗杰·凯卢瓦[1]的一个观点：“形态模仿是在去现实的效果当中对空间的执念。”由此，拉康强调，认同在很多情况下，特别是在人类这里并不能因外在现实的变化而变化。人类对过去的环境有着固执，并不会为了适应现实而改变。很多时候，适者

1　罗杰·凯卢瓦（Roger Caillois，1913—1978），法国作家、哲学家、社会学家、文学批评家。

生存的观点在人类这里是讲不通的。如果妈妈对孩子不好，那么孩子应该是离开妈妈，找一个更好的妈妈，但是情况并不是这样，我们发现这个孩子其实离不开这个妈妈，即使这个妈妈很糟糕。人类的空间实际上是一个生命体的空间，是主体生存的空间，人类对以前的环境有着强烈的依赖，不管以前的环境（温尼科特意义上的“环境”，在最开始与“母亲”是同义词）是怎样的。

接下来拉康明确提到他受到超现实主义的影响。在我们构建与现实的关系的时候，人类理性其实没有什么用，即人类并非按照自然界普遍适用的进化法则构建和现实的关系，更多是依靠自己的想象。其原因就是，人类有自然现实的器质性不足。就是说，人类先天不足。

正是这种先天不足，使人类要靠意象功能来维持内外部的关系。镜子阶段在这里需要被理解成意象功能的一个特殊情况，也就是说，镜子阶段认同的这个意象是自己的影子。镜子阶段的“‘意象’功能就是建立有机体与现实的关系，即我们所说的从 Innenwelt（内部世界）到 Umwelt（周围世界）的关系”。

人类有自然现实的器质性不足，具体来说就是，人类是从自然界的发展过程当中掉出来的一个东西。自然进化的链条发生爆裂，出现了一个裂口，而人类就是这个裂口。我们和其他的生物不一样，其他生物是在自然进化过程当中的，而人类发生了偏移。想理解这一点很简单，我们只要这样设想：如果说地球上没有了人类，五十年之后，地球还是地球，地球有其自然运转的系统，四时行之，万物消长；如果仍然存在人类，五十年之后，地球到底会变成什么样子则很难预测，战争、温室效应、病毒等，我们在毁坏着自然。人类总是忙忙碌碌，创造了很多东西，同时也在消耗地球、破坏环境。

人类与自然相对，根本原因就在于我们先天不足，这个不足就是人类在出生之后要开始自己建构“我”，而不是由自然给定一个“我”。人类由“我”建立起来的世界是获得性的，所以我们可以积累，继承前一代人的东西，于是我们在前人的基础上就可以创造出很多东西，包括房子、飞机，乃至整个人类文明。器质性的不足给了我们很多创造的自由，让我们不像动物界那样遵循遗传给定的生存规律，这成就了我们的自主性：人类可以创造很多自然界里没有的东西。可是，我们也付出了代价：人类破坏了环境，破坏了生态平衡，对地球攫取过多，最终会造成自然的恶化，导致无法生存。

人类是个特殊的早产儿，我们还没有发育好，就被扔到了地球上，但是没有能融入地球上的自然，我们被踢出了自然。自然本身是一个闭环，冬去就会春来，潮起就会潮落。我们的内部世界和外部世界是断裂的。因为断裂，我们才要建立内外联结，让内部世界和外部世界能够形成一个联结，这个联结是我们自己建立的，“我”就是这个联结点，它不是自然给定的。

这也是拉康表述的意思：“由于人类有机体内部的开裂，由于原发性的失调……人类同自然的关系变质了。……人类的出生确实是特殊的早产。”顺便说一句，我认为我们传统文化当中提出的“天人合一”，其实也是想建立一个符合自然的内外联结。

要重新建立与世界的联结，人类一生下来就有件苦差事要干：把世界复制到内部。我们生下来的时候没有精神世界，所以得建立，就像我们没有房子住，得自己建座房子一样。但是我们主体一开始内心的感受是紊乱的，碎片化的，而外部是整体的。因此，内在永远无法完全与外在相符，那个断裂的环，永远不能被补得天衣无缝。

总结一下拉康对此的观点。人类的内部世界和外部世界是断裂的，人类的每个个体都需要重新将断裂连接起来。这种连接就形成了一种演化与发展，这种演化与发展被体验为一种时间的辩证法。在这个时间的辩证法中，个体将意象与幻想相连，身体碎片的形象经过整合与矫正，最后形成一个外壳。外壳就是我们经常讲的自我。在这过程中，个体也就成就了自己的历史。某个个体的外壳到底具有怎样的结构以及有多么坚韧，这取决于他如何连接断裂，如何经历精神的发展，但这就像我们永远无法在尺规作图的情况下，把一个给定的圆的面积转化为同等面积的正方形，就算是转化得再好，也是无限接近但永不相等。[1]

1 这是公元前 5 世纪古希腊哲学家阿那克萨哥拉提出的问题，他把“求作一个正方形，使它的面积等于已知的圆面积”作为一个尺规作图问题来研究。这看似是一个简单的问题，但实际上历史上没有人成功过，其中古希腊人安提丰为解决此问题而提出的“穷竭法”最接近成功：指先作圆内接正方形（或正六边形），然后每次将边数加倍，得内接八边形、十六边形、三十二边形……，他相信“最后”正多边形必与圆周重合，这样就可以化圆为方了。虽然结论是错误的，却提供了求圆面积的近似方法，成为阿基米德计算圆周率方法的先导，而这与中国刘徽的割圆术不谋而合。1882 年，德国数学家林德曼证明了圆周率是一个超越数（不同于代数数），（转下页）

镜子阶段的完成

拉康用镜子阶段概念来理解人类的两种典型的神经症。拉康是从主体与“我”的关系来进行理解的。如果作为外壳的“我”不坚固、容易碎，那么主体的破碎感就会时常表现出来。这是癔症的情况。这种身体碎片化也不是以生理解剖学为基础，而是以外部可视部分为基础的。比如说某个癔症来访者，他整个手部瘫痪了，如果是生理性的瘫痪，很难说这个瘫痪不牵涉手腕甚至小臂，但是癔症性的手部瘫痪就是我们视觉下的手部范围。在我们的临床工作当中，癔症来访者确实常常表现出对身体某些部分疼痛的过分担心。在精神分析临床当中，这种情况在梦中也有表现：“当分析的动力在一定程度上对个人进行攻击性解体时，碎片的身体这一形象就会时常在梦里出现。”因

（接上页）完全否定了“化圆为方”作图的可能性。于是，“化圆为方”成了一个无法解决的问题的代名词。拉康将“主体”比作圆，将“我”比作方，意指即使使用“穷竭法”，“主体”也只能无限接近但永不会等于“我”。

此，癔症是“我”的整体性常常兜不住主体的碎片感。

如果“我”这一外壳过于强大，那么它就建立了一个强大的城池，四周都是城墙。它把整个身体的内在感觉都封印在城里。这就是强迫症的情况。如果将身体的各种感觉比作不同派别的军队，那么强迫症的城池之内就是冲突不断，战斗残酷又激烈，但是军队又逃不出城。好在城里还有一个宫城，这些军队在相互冲突的同时也想用各种方法进入宫城，因为宫城也有坚硬的城墙，可以进去躲避，但是这个宫城是攻不进去的，也不知道宫城里到底有什么。所以强迫症患者常常是内在矛盾冲突异常强烈，但是又不知冲突的另一方是谁。这个宫城，拉康指出就是“本我”所在的地方。

镜子阶段会结束，尽管有着癔症或者强迫症，但我们还是会在与社会情势的辩证关系之中完成镜子阶段。这里的社会情势显然有两个重要方面：一是对父母意象的进一步捕捉并认同这些意象，二是在家庭里发生的各种兄弟姐妹之间的嫉妒冲突。拉康强调：镜子阶段完成的这一时刻，也决定性地使每个人类个体都受制于父母的欲望。因为“我”的影子倒映在父母意象当中，父母的欲望也正是蕴涵在父母意象当中，我们关于世界的知识，是经过了父母的欲望才抵达我们这里。那么还会有真理性的知识吗？同样，我们对世界及他人的认识还受到嫉妒的影响，我们真的能客观地看待兄弟姐妹吗？什么是真正的人类知识？真正的人类知识，永远都在路上。

镜像已完成，自我已形成，但是“我”并不就此结束，而是从此开始社会生活。那么“我”很好地成了工具，位于内外之间。但是早年那些内心的感觉，真的很好地放置在内心吗？人类个体的身体还在成长，还在进一步地成熟，那么内在的感觉不会发生变化吗？如果有，那么这些变化产生的力量会不会打破我们完成好的镜像？我们如何继续安置这些在个体成熟过程当中出现的变化，如何成为一个所谓正常成熟的个体？

正常的成熟取决于文化，取决于文化的宽容度，文化给你什么界限，你在这个界限内就算是正常的。在某些文化里，你做某些事情是正常的，但是在另一些文化里你做同样的事情，可能说明你没有成熟，你没有正常化，你没有规范化，你做的和精神病人做的事情没有两样。自我的正常和文化的通融及宽容紧密相连。比如在中国传统文化里，如果想娶自己的表妹，这是可以的，比如贾宝玉娶林黛玉。但是现代文化就不一样，现在如果一个人娶了他表妹，就不被文化通融，以文明保护者身份出现的法律会禁止这样做。但是，拉康也暗示了人类个体的精神具有超文化特性，他认为，在经过俄狄浦斯情结之后，所有的人都会把自己看成一个爱的客体，都是一个能被别人追求和爱着的客体，直接地说，就是一个性客体。人类个体在与文化的相辅相成与相生相克当中，会有新的人类个体与新文化现象出现，这是个体与文化的变化发展。

从某种情况看，镜子阶段是一个阶段，在人类生活的最早期出现，但它作为结构一旦形成，我们的一生就都在其中。在这个意义上来讲，镜子阶段是共时性的。

我在我不在的地方思

拉康在文章当中继续批判了法国当时流行的一个哲学思潮：存在主义，特别是以存在主义为圭臬的精神分析运动。拉康认为，存在主义精神分析的根本不足在于“意识的自我满足”。如果只是关注意识，那么主体将会被带入绝境。因为实际上在精神世界里起着关键作用的精神机制是“误认”。对于自我来说，有些我们不想认同的意象，我们会以“否认”的形式表达，人类个体会将这些意象排除在意识之外，但这个被否认的意象，在意识之外的意象，不但没有停止影响我们，反而在我们不知道的情况下更加深刻地影响着我们，因为我们意识不到这些意象的存在，因而也做不了什么，任其影响而无所牵制。因此，真正决定着我们的是这些否认的内容所在的领域，即“它”所在的领域。所以拉康在这里说：“如果‘否认（弗洛伊德使用的德语词是 Verneinung）’表现出其显性形式，那它的影响绝大部分保持在隐性当中，只要它们没有被反映宿命领域的光亮照射，宿命领域是‘它’（ça）的表现场所。”这里的“它”是与“我”相对的，“它”在中文当中常被译作“本我”，其大部分属于无意识的领域。人类个体当中不属于“我”的东西决定着我们，或者说这个决定我们的东西在“它”中隐藏着。

拉康在《镜子阶段》的第一段中说，精神分析的经验与“我思”哲学相反，也就是说，“我思”哲学认为“我思故我在”，而精神分析的经验告诉我们的是：“我在我不在的地方思。”无意识主体，这个真正决定着个体命运的主人，这个真正的“我”却是在我所不在的“它”的那个地方思想着。

拉康于是对神经症和精神病有了一个更宽泛的定义：“主体被镜像捕捉。”镜像就是自我，主体就是你的无意识主体，主体和自我之间绝对不是完美对接的，而是存在着裂痕，裂痕越大，疯狂程度越高。在精神病人那里，无意识主体敞开得最明显，拉康说是向天空敞开着。这也是拉康作为精神科医生得来的经验。拉康将疯子的历史和人类的历史联系起来：疯子能帮助我们理解社会。“神经症和精神病的痛苦是灵魂激情之所”，我们理解当前的精神病人、神经症患者，能够帮我们理解当前真实的人类境况。

既然精神分析也能帮助我们理解人类，那它和人类学的区分是什么呢？拉康在文章中对此也略作了讨论。人类学家也审视人类与自然的交汇点。精神分析的“我”的形成在前面也表述为人类的内心与外在世界的关系。它们关注的领域似乎是一样的，但是精神分析工作的领域在于想象或者说幻想。因为主体与镜像之间是想象的关系，是我们对虚像的一些想象。拉康指出，精神分析独自认识到是想象束缚了我们，而人类学更看重符号或象征。精神分析也看重符号或象征的作用，但是精神分析临床工作的对象是个体，它看重的是符号与实在如何在个体这里产生想象。关于这一点我们后文会继续讨论。

精神分析实践的实质、目的和条件

作为文章的结束，拉康将镜子阶段的结论引到了精神分析的临床工作实践当中。拉康讲到了精神分析的实质、目的与条件。精神分析是“主体对主体”的帮助，这是精神分析临床的实质之一。拉康强调主体间性，精神分析的实践应该保持在“从主体到主体的求助当中”。工作室里的两个人是平等的，虽然这两个人在工作中所占据的位置不一样，两个人不是对等的关系，但他们是平等的关系。精神分析不是一个主体奴役一个客体，也不是一个权威指挥一个服从者。

精神分析工作室里的两个人一起工作，精神分析工作者陪伴着来访者，让后者呈现他的麻烦，呈现他自己在主体与“我”之间到底发生了什么，让他知道他到底是一个什么样的人，他是如何成为这样的一个人。这也就是精神分析实践的目的。精神分析并不是教育学，当明白自己是怎么回事之后，你就知道怎么去做，知道怎么样根据可能有的资源或者方式来处理自己和现实的关系。拉康强调，“你即如是”是一种极乐境界，一种欣喜快乐的状态。你真的感受到了你和世界的关系，有什么比这还让人欢喜的事情吗？我猜测，这像极了涅槃寂静的感觉，像极了禅宗开悟的感觉，不管是顿悟还是渐悟。“你即如是”引自印度婆罗门教，但是我相信在这一点上，婆罗门教与佛教是相通的。你知道了你和世界的关系，你的最终命数就向你显露了，你也就明白自己的命运到底为何是这样，为什么有生以来一直要如此，一直在重复着这样的事情而不是那样的事情。在这个前提之下，你才可能重新构成你的“我”，并让你的“我”找到自己的位置。

要做到这一点，显然我们要回到最初构成“我”的阶段，也就是镜子阶段，甚至镜子阶段之前，我们要重新解析你的“我”是怎么来的。实际上弗洛伊德表达过类似的观点，弗洛伊德说，一个人差不多在五六岁的时候，他的整个精神结构就已经构建完成了，未来漫长的时间里，只不过是他构建好的这些东西在生活中慢慢显现。中国有一句古话叫“三岁看大，五岁看老”，也是这个意思，三四岁时到底是怎么样的，我们大都已经忘记了，但是忘记的东西并没有丢失，它构建了“我”的基础。

但作为实践者，作为一个精神分析工作者，我们不可能仅仅凭自己的力量就能开启精神分析实践的旅程。这趟旅行一开始就是两个人的事情，不能靠我们的力量让来访者开始他的旅程，需要他自己有意愿。这是精神分析实践本质特性的一个反映。来访者也是个主体，如果这个主体曾经与自我之间有些问题和矛盾，那么他要再次把他曾经碰到的那些困难，把他不能被自我所代表的一些东西在一个地方敞开，从而认识他自己。这本身是一件困难的事情。没有意愿，这是不可能的。开启分析的旅程，来访者的意愿是前提。

有了意愿，来访者还要付出辛苦的工作来表述自己，表述自己回避和不知道的东西。实际上，精神分析临床工作进展的效果，并不是由精神分析家单方面说了算的，更大程度上与来访者的投入相关联，毕竟我们要面对的是来访者的精神世界。其实，有时候精神分析家没法好好倾听来访者说话，但是如果来访者比较投入，我们还是能看到有一定的分析效果。弗洛伊德其实也有一个分析家，叫弗里斯。只是弗里斯不知道他是弗洛伊德的分析家，因为那个时候还没有分析家这么一个职业。一个人不知道他是分析家，那他的工作显然做得有些糟糕，但是弗洛伊德作为来访者做得相对较好，所以，弗洛伊德还是抵达了某个地方，消除了他在父亲去世之后患上的广场恐惧症，即使他没有在自己的分析旅程中走得更远。

《镜子阶段》是拉康从本体论的角度谈主体结构的一篇文章，是纲领性、里程碑式的。拉康在接下来的数年，都围绕这一主题开展工作，其中涉及的主题有：主体结构、自我、客体关系、精神病结构、想象秩序。

第四讲　精神分析的能指

精神分析是语言的实践

在精神分析的学习过程中，学习者经常会给自己提这样的问题：为什么精神分析是两个人的实践？一个人在房间里面进行类似于冥想的练习，回忆自己的过去，这样不是也可以达到对自己的了解吗？那么，精神分析的理论为什么强调两个人的实践呢？它有什么特别的地方吗？

在上一讲的最后我提到，就算是第一位精神分析家弗洛伊德，实际上也有自己的精神分析家，他就是德国医生弗里斯。当年弗洛伊德隐藏了他“做分析”的这段历史，但后来还是被挖了出来。只是因为弗里斯不知道他是弗洛伊德的分析家，所以弗洛伊德才成为第一位精神分析家。

“镜子阶段”的理论告诉我们一个事实，主体首先是在他者中认出自己和感受自己的，这个他者是“镜子”。我们讲过，“镜子”也是一个比喻，它可以是母亲的脸庞。主体要认识他自己，就必须借助一个他者，主体在他者那里看到自己的影像，然后把自己放到这个影像当中，形成了一个“我”。这是一个误认，但是主体就是在误认当中认识自己的，并且这是必然，主体认识自己必须要有他者。所以说在精神分析的实践当中，来访者需要一个他者：精神分析工作者。而实际上，在完全的意义上，一个人仅靠冥想或者打坐就体悟自己，这是不可能的。即使禅宗的修行也绝对不是一个人的事情，因为徒弟会有师父。比如《五灯会元》里面记录的禅宗修行的故事片段，经常是两个人或者多个人的互动，只是其中徒弟表现得更积极，而师父常常只说一句话甚至一个词，或者只做一个动作，显得消极一点。

在镜子阶段概念里有一个重要事实，当时拉康并没有提到，但是随后他特意指出：婴儿是不能一个人来到镜子面前的，要由抚育者（妈妈）带到镜子前面。

而妈妈会指着镜子里孩子的影像，对孩子说“看，快看，那是你，那就是你，我的宝宝”之类的话。这告诉我们，在镜子面前的两个人并不是沉默的，孩子在这里受到了话语的“指引”，甚至是话语的入侵（关于入侵，我们在后面的章节会讲到）。如果说镜子是母亲的脸庞，那么这个脸庞是有表情的，开心的或是冷漠的，这些表情在某种程度上也是一种“语言”，指引着孩子对自己的认识。因此，如果说镜子阶段告诉我们，认识自己要通过他者，那么这里还要加上一个重要的条件，这个他者是承载着语言的。如果没有语言在其中，镜子阶段也是不可能完成的。

精神分析的工作室里是两个人在工作，一个人要借助另一个人认识自己。在这两个人之间，没有别的，只有语言。如果回顾精神分析确立之前的历史，我们也能看到这一点。当年弗洛伊德还在使用催眠疗法的时候，他要给一个女病人做催眠，但是这个女病人说：弗洛伊德博士，请您不要对我说催眠的那些引导语，您只要坐在那里听我说就可以了。精神分析最早的关键实践其实是出现在布洛伊尔与安娜·欧的工作当中，这一实践也被称作“谈话疗法”。正是这样的实践经验催生了精神分析的实践，即话语的实践。精神分析是言语的实践，它的意义就在于：在精神分析的两个人的实践当中，两个人都是在语言当中的。

能　指

精神分析的语言到底是怎么一回事呢？这里需要引入一点结构语言学的知识。在此，我首先要把语言一词换成符号。

语言里的一个词，就是一个语言符号。我们从语言学的书里直接引用一幅图来讨论语言符号[1]：

1　（瑞士）索绪尔：《普通语言学教程》，高名凯译，商务印书馆，1980 年，第 102 页。

这个图很简单，首先这里有一个椭圆，它代表一个语言符号，但是被中间一条横线分成两个半椭圆，上面那一半里面有棵树的图像，下面那一半里面有一个拉丁语词“arbor”，意思是“树”。这表示一个符号由两部分组成。下面这个拉丁语词“arbor”就是一个“能指”，即这个词“有能力指代”上面的树的图像。上面的树的图像，在这里是下面那个词的所指之物，所以是“所指”。“能指”的英文是signifier，法语是signifiant，德语是Signifikant，中国的语言学家将这个词翻译成“能指”，这是一个非常好的翻译，强调它有“能力”指代。两边的箭头，表明的是能指与所指的相互关系，能指指代所指，所指被能指指代。

语言（我们暂且在印欧语系里讨论）作为表音系统，很可能是一个很好的“能指”系统，因为这个语音本身是纯粹的，是空的，不具有意义，我们可以给它赋予一个所指作为它的意义。所以，一个语言符号指的是一个语音声响（能指），和这个声响所要表达的一个意思（所指）。

大家应该注意到上面的图示本身是一分为二的，它和经典精神分析当中弗洛伊德讲的精神结构的地形学图示很相似。弗洛伊德讲，精神结构分为意识与无意识或者自我与本我，他所用的图示与这里的图示是同构的。这也暗示着人类的语言符号结构和我们的精神结构渊源甚深。这种同构表明我们的精神世界本身就是一个语言符号系统。拉康后来讲：人是一个言说的存在。这个话的根源可能就在这里。

符号的两部分是分开的，那么这两部分之间的关系是怎样的呢？首先“语言符号是任意的”[1]，就是说能指与所指的关系是任意的。大家一定要记住语言符号这一根本特点，正是这一根本特点，让拉康把语言学的能指引入精神分析当中。一个能指并不必然指代一个固定的所指。比如，中国人用“树”这个声音来指代现实的树，如果一开始中国人用“棵”来指代现实的树，那么我们现在也应该是用“棵”来指代现实的树了。我们现在之所以用“树”来指代树，这是约定俗成的结果。不同的语言也用不同的语音来指代树，比如拉丁语是“arbor”，法语是“arbre”，英语是“tree”。这是不同语言中的约定。

1 同前。

能指在上

讲到这里的时候，我们就要做一个讨论，这个讨论要离开语言学的范畴。首先来看一张关于花的图片，这是我在网络上找的一张图片。

这束花好像是叫牵牛花，但是，我不知道大家在看这张图片的时候，是否有什么其他的发现。其实类似这样的图片，大家肯定看过很多。但是，如果有人是第一次看，他会对我的问题有些不理解：这就是一张花的图片，能有什么其他的发现呢？不过，他还是有可能为了回答我的提问，说一些话来表明他有一些发现：下面有个带子扎着，这应该不是真的花而是画的花，等等。但是当我提示他“在这幅画里面藏着人的脸”，就会有人有新的发现，原来是真的，在这幅画上半部分左右两边的背景里，真的有两个人的侧面像！然后我进一步提示“有三张人脸”，于是又有人会在画面中部的留白处找到第三张人脸。当然，也有人会在其他地方有所发现，但是总归是不太像，所以当我把第三张人脸指给他看时，他也就不认为别的地方还有人脸出现了。

如果读者是第一次看这幅图，同时并没有太多的时间琢磨，那么他之所以能在这幅画里看到人脸，是被我的语言引导的。如果我没有说“在这幅画里面藏着人的脸”，“有三张人的脸”，那么大多数情况下，读者不会注意到这幅画里有人脸这么个特别的地方。是我的话语唤起了读者心中“人脸”的意象，然后读者才能在画上找到“人脸”。在镜子阶段，如果妈妈不对孩子说：“看，这是你！”不以这样的方式引领孩子，孩子应该体悟不到镜子里的人就是他的影子。也就是说，孩子在认出镜中自己的影像（所指）的时候，这个影像就与一个能指挂上钩了。

上面这个讨论让我们体会到语言在我们的观看（上一讲所说的可视世界）当中发挥的作用。实际上，是我说的“人脸”（能指），让读者找到了画中的人脸（所指）。如果没有能指，就有可能找不到或者不会注意到那个所指，就算有些读者在我的提示之前就找到了这张人脸，这也不能说明相反的情况。只要认真想一下你会发现，正是你脑海里的“人脸”让你发现画中的人脸。正是在这个意义上，将结构语言学的符号概念引入精神分析后，拉康做了一个重大的、颠覆性的修改，他把语言学里关于符号的能指和所指位置给颠倒了。

$$\frac{\text{所指}}{\text{能指}} \longrightarrow \frac{\text{能指}}{\text{所指}}$$

在语言学里，能指是在下面，所指在上面，但是在精神分析里能指换到上面，所指则到下面去了。语言学家的观点是，这个世界上存在很多东西，我们需要命名这些东西，所以说在语言学家那里，所要命名的东西是在先的，即所指是在先的。我们看到外面有一棵树，我们要对这棵树进行命名，给它一个能指用来指代：树。一个小孩出生了，应该给这个小孩取一个名字。这似乎是常识。可是拉康说不是这样，实际上是能指在先，这是从心理意义上说的。这个世界上本来什么也没有，我们给了一个名字，才能看到一个东西。在那幅牵牛花的图片里，我们只知道有花，不知道有“人脸”，是我说“人脸”，然后读者才找到人脸的。如果没有这个能指的指引，我们是找不到人脸的。还有一个现象也说明能指是决定性的。比如公共厕所，男厕和女厕的门常常是一样的，要确定男厕还是女厕，需要在门上看一个确定性的标志，“男”字或者“女”字，或者代表男性和女性的人像，等等。所以，能指才是更重要的。

拉康对语言学的修改到这里并没有结束。我们说能指指代一个所指，比如，“arbor”（树）这个能指是指代那个树的图像，但是树的图像真的就是树吗？且不说它有没有树根、有没有气味和质感，真的能在现实当中找到一棵一模一样的树吗？它也不过是一棵真正的树的代表而已，或者说，它在这里也不过是指代一棵树而已，它也是一个指代。这个指代比较麻烦，没有语言声响系统那么方便，那么好用，至少并不是每个人都能画得很像，但是说到底它也是一个能指，指代着窗外某棵长在泥土里的真正的树。那么进一步说，到底树是什么？窗外那棵长在泥土里的真正的树，我们真的就了解它吗？我们不过是凭着感知去感知它。但是感知到的是我们的感觉，且不说感觉可能已经被能指左右（在植物学家眼里，树可能有千百种，名称也有千百样，但是在一般人的眼里，树的分类并不清晰）。我们的感觉并不是树自体（康德意义上的自体）。所以即使我们亲眼看到院子里的树，那也不过是我们视觉上感觉到的树，它也不过是真正的树的指代而已。因此拉康说，其实没有所指，所指不过是另一个能指。能指与所指的关系，不过是能指与另一个能指的关系。一个能指指代另一个能指，另一个能指就指代下一个能指，这就是人的语言链。

$$\frac{\text{能指}}{\text{能指}'}$$

看似常识的东西，并不是不值得推敲。比如，并不是一个孩子出生之后，我们才给他取一个名字，一个孩子还没有出生，他就已经在人类的符号网络当中了。一对夫妇想要有一个他们的孩子，在某种意义上讲，这个孩子已经有了一个名字："某人（与某人）之子"。在妇产科医院，婴儿出生之后，会在孩子的手上戴一个手环，上面写的就是"某人之子"。这个孩子的姓氏也是决定了的，一般情况下是跟父亲姓。所以，即使一个孩子出生之后，父母还没有把他的名字想好，但是实际上后来取的名字已经是这个孩子的第二个名字了。他先在地已经有一个确定的名字：他的姓氏以及他是某人与某人之子。

能指的符号性效应

拉康说：孩子一出生就掉在语言的网络之中，除了名字，一整套代表家庭和社会的能指符号系统已经在孩子周围建立起来。我们可以把能指系统等同于人类的文明。这个能指系统在孩子一来到人世间就开始影响他，直到他离开人世。

能指系统为什么这么重要？因为能指会给我们人类带来符号性效应。人类是早产儿，我们生下来就有一个苦活儿要干，要在我们的内部重建这个世界，我们使用的材料就是能指。而这个能指要在我们内部扎下根来，就要让这个能指产生符号性效应。

什么是能指的符号性效应？简单地说，就是这个能指确确实实地影响到个体的精神世界。当妈妈喊孩子“宝宝”，如果这个时候孩子回头看妈妈，那么孩子就知道妈妈在呼喊他。那么我们说，“宝宝”一词，就在这个孩子那里产生了符号性的效应。

接下来，我们稍微讲得复杂一点。一个六个月的孩子可能还抱在妈妈的怀里，他看到爸爸端了一盆蛋花汤到餐桌上，冒着热气，这缕飘动的热气让他好奇，他想去抓那个汤盆，可是当他伸出手时，妈妈立刻阻止他：“宝宝，不能抓，这个烫。”于是这个孩子就没有抓到，但是他可能不太明白为什么被阻止。过了几天，孩子又看到爷爷端过来一杯茶，同样冒着热气，同样的好奇使他又伸手去抓茶杯，这时爷爷也说：不，宝宝，这是开水，烫。于是他又没有抓到，但是他还是不太明白为什么。总之，每个孩子都会因为好奇要去做很多冒险的事情，但都被照看他的人阻止了。又过了几个月，这个孩子要过一岁生日了，大家都高兴，买了一个大的蛋糕，点了一根生日蜡烛，这次是孩子离“烫”的东西最近的一次，他终于满足了他的好奇心，用手指去碰了下蜡烛的火焰……尽管爸爸眼疾手快立刻阻止了，但是孩子还是感受了火焰的炙热，疼哭了。这个时候妈妈把孩子抱在怀里安慰道："宝宝，跟你说了，这个不能碰，烫的。"孩子在这一刻终于真正明白"烫"的意思了。以后，当身边的大人们给孩子说，这个"不"能碰，这个"烫"的时候，孩子应该就不会那么轻易地去碰了。这个时候，我们就说"不"、"烫"这样的符号性效应就在孩子心中建立了。他不需要每一件危险的事情都去碰一下，然后才知道那个是危险的，他只需要大人对他说这个事情是危险的，他就知道是危险的。

这个世界上有很多法律，写在法典里的和没有写在法典里的，广义上的法律或者狭义上的法律。并不是每个人都要将这些法律都违反一遍，才知道惩罚是什么。大多数时候，我们都不会去触碰那些法律，这是因为语言，因为能指的符号性效应在人类的精神世界建立了。当然，也因为这些符号性效应是后天建立起来的，每个人在建立时所经历的宽严轻重是不一样的，每个人对待秩序与规则的方式也就不一样了。

每个人都有自己的特殊能指

前面说到，一个小孩出生之后实际上他就掉在人类的话语里面，这个时候人类的言语，这个符号系统，并不一定是指我们口头说的言语。当然一个很纯粹很理想的能指系统是口语式的语言，它们本身是一些语音的组合，它们自身并不代表什么，所以它们能代表很多别的东西。但是这不代表其他东西不可以指代他物，成为能指。前面说过，拉康认为一个语言学上的所指其实也是一个能指，所以在精神分析当中能指并不一定是指口语，它当然经常会是一个词，但也可能是一句话，一幅画，一个动作，也可能是一个物品，凡是有能力去指代另外一个东西的，就叫能指。对个体来说，一些词或者东西会有特别的意义，这就是为什么有时候有些人会特别关注某些词或某些东西。这一点正对应着语言学所说的，能指与所指（其实是另一个能指）的关系是任意的，就算在说同一种语言的群体当中，某一个能指对这个群体里的每一个个体都有着一个固定指代，固定的意思（字典里的意思），但是这个能指对某个个体来说，可能还会有着特别的意思。

一个妈妈送给她的孩子一只玩具熊，这只玩具熊被这个孩子珍爱着，因为它在妈妈不在场的时候，代表着妈妈对孩子的爱。在旅游区会销售纪念品，之所以叫纪念品，就是因为它能指代你到此一游，这应该是能指的普遍化和商品化。去巴黎埃菲尔铁塔游玩，也许你会购买一个廉价的钥匙扣，上面有一个小小的埃菲尔铁塔模型，但是也许你不太在意这个钥匙扣，用了一段时间之后，或者被其他的东西取代，或者遗忘在抽屉里。但是我们也在文学作品里看到，有些人会一直留着某个类似钥匙扣这样的不值钱的纪念品。为什么？那一定是这个钥匙扣有更多的指代，它也许指代着你和某人的一段旅程，也许指代着你和他之间的一段感情。所以，一个小埃菲尔铁塔钥匙扣，它本来只是一个商品化的一般纪念品，可能对某些人来说，它却是一个有着特殊意义的特别能指了。

其实，人类善于做这样的事情。我们文化里很多物件，就在于它们本身有着更多的指代才变得在我们的生活中反复出现。比如，婚戒指代着爱的忠贞。古代，书生和小姐之间的信物有可能只是一把扇子。就物质层面来说，一把扇子不值几个钱，可是她至死都珍惜这把扇子，因为它指代一段爱情。

对能指的寻觅

对神经症患者来说，往往有一些能指不能编织进整体语言，也就是说，某些能指与整个能指系统有龃龉，或者说，某些能指是谜一般的存在，不知道它们真正的所指（另一个能指）是什么。从这个角度来看，精神分析的实践就是要让来访者的那些特别意义的能指重新嵌回语言能指系统里面，也就是说，精神分析的实践就是对能指的寻觅。

一个有缄默症的小男孩，他的口袋里有一块小石头，这块小石头一直在他的口袋里，他走到哪里就带到哪里。有一天，在精神分析家那里，他的妈妈讲到他和一个小女孩的交往经历，小男孩竟然很认真地听他妈妈讲，他应该有些忘记这个关于他的故事了。虽然故事的结局并不太好，但是其中有一些经历是很快乐的。在妈妈的讲述过程中，他拿出这块小石头端详，妈妈突然想起来，这块小石头正是那个小女孩送给他的。那么，我们就知道这个小石头对他的特别意义了。这不是一块普通的石头，它是一个能指，它指代着他曾经和一个小女孩的交往，指代一段值得怀念的友谊，一场爱的关系。在妈妈讲述的时候，这个故事呈现了出来。

有一天，有个年轻的男人来找弗洛伊德，他害怕一种酷刑：鼠刑。当他听说某个地方有种酷刑，会把老鼠放在盆子里，然后扣在受罚人的屁股上时，他觉得那个刑罚好像实施在他的身上，惊恐得都不敢听下去。也许我们每个人听到类似这样的刑罚都会不舒服，但不至于要去找分析家进行精神分析。而这个年轻人来找弗洛伊德了，那么这个能指“鼠”对他来说应该有着特别的意义。在和弗洛伊德的工作中，他明白了这个“鼠”和他生命当中的很多事情是关联的，其中最重要的是，这个“鼠”和他的父亲紧密联系在一起。弗洛伊德记录了他和这位年轻人的工作过程，并且用“鼠”这个能指作为我们现在对这个个案的简称：“鼠人”个案[1]。

拉康将结构语言学的观点引入精神分析，这是一个很天才的做法。但是，结构语言学家不认为拉康是

---

1 Freud, *Notes upon A Case of Obsessional Neurosis* (1909), SE X.

语言学家，他们不认为拉康正确地理解了语言学的观点。而语言学家和拉康之间的分歧，其实是精神分析和语言学之间学科性质的差异决定的。简要来说，语言学家的任务是让语言说得更准确，他们的终极目的是研究语言的准确性，他们要尽量消除能指的歧义性；而精神分析不是这样，精神分析是要让一个主体的语言说出来，对一个主体来说，一个能指绝对与主体的内在意象有关。如果某个能指对这个主体来说十分特别，那么这个能指绝对不只是有着词典里的意义，它还在讲述着另一个与这个主体有关的真相。正是语言学家揭示的符号的任意性这一性质本身，让语言的歧义性永远存在。幸好有歧义性存在，所以来访者才有可能借着语言的歧义性，寻找那些他们自己都还不知道的所指，即另一个能指。

无意识是能指的沉淀

我们前面讲到，妈妈把小孩抱到镜子面前，指着镜子里的影像说："看，这是你，我的宝宝。"孩子有可能听不懂母亲话语的具体意义，比如

“看”“你”“宝宝”这些词，他这个时候还不知道它们具体是什么意思，不知道这些能指在字典里面的意思。但这本身并不重要，对精神分析来讲，语言是活生生的语言，字典里的意思是次要的，重要的是这些能指所携带的特别的意思，这个特别的意思包含情感，它是通过语气、语速、节奏等表现出来的。这有点像音乐，音乐超越了不同的语言群体，可能就在于它本身并没有什么字典里的意思，恰是通过节奏与旋律本身进行着表达。而某个词在字典里面的意思，应该是这个语言群体对这个意思进行普遍化的结果。

我们设想，如果妈妈抱着孩子的时候，妈妈是讨厌这个孩子的，因为这个孩子的爸爸在孩子还没有出生的时候就跑了。妈妈可能会将对那个男人的恨转移到孩子这里。她会对孩子说：你真是个混蛋，你爸爸是混蛋，你也是。你真是个孽障，因为要照顾你，我现在不能工作，生活陷入了困境，你拖累我；没有你，我现在就是自由的。如果真有这样的情景，我们能感觉到这个孩子获得的能指符号是什么吗？他获得的感觉是什么呢？如果一个妈妈生了女儿后感到不高兴，她就对女儿说：你真是一个丑八怪。那么这女孩子将来再漂亮，她都不会感觉到自己漂亮。正是这些他者的能指，他人的语言，给我们在看镜子里的自己时定了基调。

但显然，没有一个妈妈是完全讨厌自己的孩子的，如果是这样的话，这个孩子应该没有办法活下来。也没有一个妈妈对自己的孩子是一味的喜欢，总有对孩子生气的时候。在孩子这边，他接受的能指，总会有一些是相互矛盾的，总会有一些是他没有办法很好地把它们安置得很和谐的。也因为所接受的能指之间相互矛盾或者冲突，这个孩子也就不能完全明白这些能指的意义。但是这些能指还是攻占了我们，是在第二章讲的攻击性意义上的攻占。这些攻占了我们，但是并没有被我们很好安置的能指，我们并没拿来构建自我，我们对它们进行否认（Verneinung），但是它们也没有去别处，而是沉淀在我们的精神世界。在人类个体这里，这些能指的沉淀形成了无意识。

无意识是能指的沉淀。拉康更明确地说：无意识是他者能指的沉淀，或者无意识是能指的宝库。这些能指虽然沉淀在无意识里，但是不代表它们对主体不起作用，它就成了我们的精神世界的“它”，“它”时常影响“我”，在我不知道的情况下影响我。前一章说我在我不在的地方思，这个“我”不在的地方，是“它”在，“它”在操纵着“我”。弗洛伊德说“我不是我自己家里的主人”[1]，就是这个意思，这里的家指的是我们的内在精神世界，但是“我”在家做不了主。是“它”，是那些在我们家里存在的、沉淀着的东西，决定着这个家。这个“它”，说到底就是像谜一样存在于我这里的、我搞不懂的、但是我每天都背负着的他者的能指（话语、手势、意象、表情、画面）。

能指的背叛

言语有时不仅不能完全表达我们内在的情感，它还总是背叛。一个能指给到孩子的时候，其实孩子可能不知道这个语言到底要表达什么。一个婴儿哭得非常厉害，实际上他是肚子不舒服，但是婴儿还不能明确地告诉妈妈发生了什么。妈妈安慰他说：“宝宝，你哭得这么厉害，你是不是饿了？”然后妈妈给孩子喂奶，可是孩子并不是饿了，而是肚子不舒服，他不

1 Freud，*A Difficulty in the Path of Psycho-analysis*（1917），SE XVII.

吃奶，吃奶反而肚子更不舒服。孩子会继续哭，于是妈妈就糊涂了，你到底要怎样，饿了又不吃奶，你是想折磨我吗？孩子看到妈妈焦虑的反应也会更加焦虑。这个时候，我们能看到妈妈和孩子的互动过程中存在着一个误会。妈妈认为给孩子吃奶是在满足孩子，安慰孩子，可是孩子为什么还在哭呢？这个时候孩子接受了母亲发出来的能指（口语的或者行为的），但是这是一个带着误解的能指，孩子内在的焦虑并没有被安抚，反而他也不知道妈妈为什么会这样对待他，是自己的不舒服让妈妈不高兴了吗？在误解当中，能指背叛了原意。

我们把情景想象得更极端一点。如果一个妈妈爱她的孩子，她希望孩子将来成为一个有出息的人，于是她对孩子管教得很严格，只要孩子做错了事情，都会给孩子严厉的体罚。那么在孩子这里，会不会理解为如果爱一个人，希望他好，他就要按我的想法来做，否则就要惩罚他呢？爱就变成一种控制，被爱的人必须听我的，否则就要被惩罚。当一个词、一个行为、一个物品，即一个能指给予孩子的时候，给和被给的双方对这个能指的理解很可能是不一样的，在双方那里都会产生误解。

曾经有一部很火的电视剧叫《不要和陌生人说话》。电视剧的男主角不就是这样的人吗？他的病理性人格应该和他的成长有关，剧中说得不多，但有所透露。被他爱的那个人就要听他的，否则就要惩罚她。从精神分析角度来说，男主角用惩罚自己爱人的方式在表达着爱，而对方不能接受。我们在电视剧里也看到了女主角的内心挣扎，其实男主角对自己行为的后悔在当时也是情真意切的，要不然女主角不可能多次回心转意。顺便说一句，女主角受虐的人格特征也是很明显的，这与她的成长也应该有关，要不然早就毅然决然地离开男主角了，不会有那么多的纠缠。

妈妈和孩子、他者和主体，给出这个词和接受这个词的时候，对这个词的理解不可能是完全一致的，双方对同一个词的想象（理解）很可能是不一样的。这个时候，语言背叛了妈妈想给的东西，语言也背叛了孩子想获得的东西，语言不能够完全表达我们的内在世界。一个能指砸向一个主体，如同赌桌上掷的一个骰子。掷骰子的人希望能掷出个“6”（他者给出能指的时候，他希望孩子能得到“6”），但是实际上在赌桌上呈现了一个别的数字（作为主体的孩子的理解）。掷出与结果之间是有差距的，这个差距就是符号和想象之间的距离。能指的背叛，实际上就是想象对符号的操作。

语言不能够完全地表达我们内在的情感与感受。作为一个外在他者给主体的东西，语言在给主体的时候就和在他者那里时不完全一样了。获得语言的主体当然也就不能够使用这么一个不靠谱的工具完全表达自己，在这个意义上，人类的语言就是一个谎言的工具，它只能部分地被真理所穿越。拉康为此创造了一个新词叫“半说”（mi-dire），即通过语言主体只能部分地讲出真的想讲的东西，主体不可能完全讲出所有的东西。人类先天是没有精神世界的，我们的精神世界需要后天建立。后天精神世界的建立需要跟他者互动。和他者互动，就必然存在一个误解，这也回应了拉康在镜子阶段中所说的主体和“我”之间的不相吻合，“我”是在他者的能指的欲望影响下形成的。人在此已经异化。

人类的语言就是一种谎言，不管你有意或无意，它只能部分地说出一些真理，这是人类没办法超越的事情。

听见能指

弗洛伊德发现来访者可以通过言说本身让自己的心理障碍得以缓解或者解决。于是自弗洛伊德以来，我们都在试图回答这个问题：何以在精神分析工作室里的言说可以做到这一点？回答这个问题要回到语言本身，它触及精神分析的根本性问题。

一位来访者来找精神分析家，我们想要知道：现在的这个来访者之前是孩子时，是如何和他者进行互动的呢？那个时候到底发生了什么，甚至那个时候之前到底发生了什么，使得一些经历、一些事物，即一些能指，让孩子当时并不理解，之后也没有理解？但是它们作为能指，沉淀在孩子的无意识里面；也有可能这个孩子当时对他者的话语有一个理解，而这个理解随着时间的推移越来越不能被接受，那是一个误解，一个背叛。这个孩子一直是在一个错误的想象当中理解着这个能指，理解着父母的言行，理解着父母的眼神、动作，理解着世界。这种错误的理解也是一种符号性的效应，而且这个效应在孩子的无意识当中深深扎根，不停地影响着他，让他没办法成为一个社会化相对良好的人，他总是觉得不舒服，甚至有些症状。

他是在这种情况下来到精神分析工作室的。他希望怎么样？他希望回到那个时刻，看看那时怎么了。精神分析工作是可以做到这一点的，因为精神分析工作是两个人之间的互动。

在精神分析工作室里，来访者和精神分析家扮演着一种很纯粹的关系，一个说话者，一个他者，像极了主体生命之初。但是与现实生活中相反，他者并不需要给说话的来访者更多的建议，因为来访者在他的经历当中接受了足够的能指，恰是那些能指的效应出了问题，他才来到这个地方。来访者需要的是倾倒出他的那些能指，他需要把自己展示出来，把那些能指在他身上的影响表达出来。曾经，特别是小的时候，他者、妈妈或者周围照顾他的人，在他身上施加的这些能指的符号效应（这些能指对他的影响），他需要把它们表达出来。在陈述中，就有很多能指被说出来，这些能指是不被理解的，来访者与分析家都不理解，但只要还在述说，那么早晚我们会对它们有一个重新理解。

有位来访者讲过一个梦：他梦见自己在开战斗机，有很多炮火向他袭来，他要尽全力躲避炮火……对于这个梦，做梦者不理解为什么要在梦里开飞机，他并不是飞行员，也没有飞行的梦想。他的不理解并不重要，重要的是他讲述着，这是无意识能指的表达。表达本身是最重要的，只有表达了，才有可能会理解，即使意识里不能理解，也会在无意识中得到理解。或者说，这种述说并不是为了寻找（意识里的）理解，而只是展现出来。如果一定要说理解，那么来访者的表达，也不是为了让分析家理解，而是要让他自己理解，如果让分析家理解了，那也是帮助他自己理解。前面的那位来访者在之后的一次分析当中，似乎是随意地说了一句：我有个初中同学把手淫叫作“打飞机”。分析家在这个时候回应道：你上一次说了一个梦，尽力避免飞机被打。来访者稍一愣神，随之哈哈大笑。那一刻，他应该是对他的梦多了一份理解。精神分析工作者在这个意义上的工作，前面也提到过，就是要倾听，倾听那些能指。倾听是精神分析工作者最基本也最重要的工作。

精神分析家要倾听来访者的那些话，要作为他者听这些话，实际上精神分析家也是在不知道这些话是什么意义的位置上倾听。弗洛伊德告诉我们，要听来访者讲话，在听的时候，我们听着就行了，听到就可以了，不要太在意有没有记住来访者的话。也就是说，我们让来访者说话，不能用力听，要有点像是做梦的样子在听（这是后来的一位英国分析家比昂的观点，其实和这里的意思应该是吻合的），有点像在看电影，你不要在意自己有没有听懂。

所以拉康讲：分析家的倾听是不知者的倾听。你不知道，你还在倾听，对听到什么东西完全开放。精神分析家的工作在于听见一些能指，并不代表我们去理解它，我们没办法在当时理解，因为很可能在几次、几个月甚至几年之后，这些能指的意义才能够被理解，甚至可能分析家没有理解，但是来访者理解了。

当下就要求理解，那不是精神分析家的工作，精神分析家其实是让来访者表达出来。为了让这种表达能够顺利地进行，最理想的状态是什么呢？就是精神分析家在倾听的时候是中立的，不评判、不建议，没有任何操纵的现象。如果一个精神分析家在工作当中，经常地表达自己的感觉，总是把自己的想法赋予来访者，这就麻烦了，这会影响来访者说话的方向。在某种程度上说，这是分析家在异化来访者；分析家给来访者太多的建议，是给来访者更多的社会规则，施加更多的能指的效应。做到理想的状态，即让来访者在工作当中自由地呈现自己，这不是一件简单的事情，因为会受到其他很多因素的影响，特别是移情的影响。

但原则上，精神分析的实践就是在不干扰来访者的情况下，处在一种悬浮倾听的位置上。悬浮倾听就是我们不要抱着理解来访者的意图去倾听，而是只抱着听的意图。只有在这种情况下，来访者才把自己更多地表达出来，把他从生命之初就开始和他者建立的关系，他者给他的能指，更多地传递出来。这就是精神分析的实践，由此，精神分析才能让来访者达到“你即如是”的地步。

第五讲　无意识

无意识的表现形式与语言

精神分析整体上是关于无意识的学科，弗洛伊德当年最大的发现就是对无意识的发现，然后他建立了理论来将他的发现普遍化。在建立理论的过程中，弗洛伊德利用了他那个时代的思想工具，其中最重要的是进化论和经典物理学思想，他将他建立的这个关于无意识的理论称为精神分析。

弗洛伊德本来是一位神经生物学家，他最大的理想是在维也纳大学当教授，做神经生物学的研究。那个时代精神病学和神经科学并没有区分开来，按现在的标准来说，他是一个神经生物学博士。因为他是犹太人，没办法在维也纳大学当老师，所以只好从事临床工作，临床工作本来是他不愿意做的。他在大学学的专业和要从事的临床工作有很大的距离，他做神经生物学的研究是一把好手，但是这样的研究并不能帮他更好地从事临床工作。我们现在知道，随着临床实践的深入，神经科学对他的帮助甚至越来越少。临床工作要对来访者有疗效，弗洛伊德在大学里做的基础研究并不能产生疗效，于是他就开始在一些临床机构实习，学习一些临床工作的方法。

弗洛伊德学习的临床工作方法一开始有很多，后来主要是催眠。但是他发现催眠方法也有不足的地方：有很多病人不能被催眠，而且催眠之后症状会出现反复。于是，他逐渐放弃催眠，开始使用“谈话疗法”。我们前面说过，这一方法实际上最早是布洛伊尔和安娜·欧在一起工作的时候发明的。弗洛伊德在他的临床实践中也进一步发现了这一点，即谈话疗法实际上具有普遍性，至少对于癔症患者普遍有用。而且，弗洛伊德还发现，来访者在谈话的时候，会主动讲很多梦，关于梦的讲述与解析会让来访者得到很好的疗效。更重要的是，1896 年弗洛伊德的父亲去世，他自己得了恐惧症，为了治疗自己，弗洛伊德开始分析自己的梦。在这个过程中，威廉·弗里斯显然在自己不知道的情况下成了弗洛伊德的“分析家”，对弗洛伊德的自我分析起了重要的促进作用。

正是在这样的实践探索过程中，弗洛伊德发现：人类个体的心理症状背后有一个无意识。人类在意识领域之外，还有一个更广泛的领域：无意识领域。无意识无法在意识里面呈现，但是无意识有时候会“突冒”，突然冒起，来到意识里面。

无意识突冒到意识里面来，就具有了意识的形式，但是很大程度上保留了无意识的性质。无意识突冒到意识里的形式，弗洛伊德说有三个：过失行为、梦和症状。弗洛伊德以这三个形式为出发点，写过一本《精神分析引论》，一共分三编，分别讨论过失行为、梦和神经症症状。

在实践当中，弗洛伊德发现来访者会主动讲到一些梦。来访者跟弗洛伊德讲他昨晚做了一个梦。但是当他把这个梦讲出来后，来访者接着说好奇怪，我为什么会做这个梦呢？我怎么会梦到一只狮子？这个狮子在梦里面竟然还会对我说话？弗洛伊德认为，做梦是意识处在松弛的状态，处在放松警惕的状态，然后无意识里的东西就会在我们脑海里冒出来，梦的内容并不是意识想表达的，所以做梦者醒来回忆这个梦的时候，他会觉得奇怪与惊讶：我的精神世界里怎么还会有这么一个想法。好像这个梦是别人导演的一个电影，其实电影的导演是他的无意识。

在过失行为里，我们也可以看到无意识的突冒。我们来假设一个日常情况，比如说你的父母去海南旅游了，留你一个人在家，你很不舒服，因为你也想去海南，但是没办法，你要上班或者上学，你不能离开所在的城市。有一天，当你躺在客厅的沙发上时，正好父母发了朋友圈，里面是他们在海南的照片：蓝天白云、碧海绿洲。你看到朋友圈后心里想：我也想去，可是这不可能呀，我要上班……算了别看朋友圈了，去倒垃圾吧。结果你倒完垃圾回来时，发现忘带钥匙了，而且刚才看朋友圈时生了闷气，把手机扔在沙发上了！你穿着短裤拖鞋，只好硬着头皮把邻居的门敲开，借邻居的电话找了开锁师傅来，因为家里的另一把钥匙在千里之外的海南。如果后来你对这个过失行为进行分析就会发现，出门之前你有一个想去海南的念头，但是被压抑了，这个被压抑的念头并没有停止打扰你，当你出门倒垃圾的时候，这个念头让你忘了带钥匙，因为你也不想待在家里，你也想把门关起来，然后去海南或者别的什么地方。过失行为，也体现着我们的无意识，而且过失行为常常不计代价，让你在现实当中损失惨重。

症状本身和梦以及过失行为是同构的。本书会在其他地方适当提到一些关于症状的例子，这里不再多说。

但是，不管你是做梦，有过失行为，还是有症状，当我们跟一个精神分析家工作的时候，我们都是通过语言将它们说出来的。你的梦，你想让别人知道，就必须把它描述出来；你的过失行为，如果想让别人知道，也需要把它讲出来。在讲的过程中，有些表达出来的词就是一些对你来说很特别的能指。讲述过程中，你还会讲错，或者表述时结结巴巴，这叫语误。弗洛伊德把语误放在过失行为里面，但拉康把语误放在一个很高的维度上，因为它直接跟语言连在一起。当你跟你的分析家讲话，你本来想说：我昨天去看了我的老妈。但你说成了：我昨天去看了我的老婆。怎么会把老妈说成老婆？因为你的意识想讲老妈时，无意识讲的是老婆。这也不难理解，一个人的妻子也许在某种程度上就是妈妈的替代，所以中国人有时候评价某人说：某某人的儿子娶了新娘就忘了老娘。对出现语误的那个人来说，老婆就是一个很重要的能指。

无意识就是这样讲出来的。无意识是通过语言表达出来的，是通过言语的对梦与过失行为的讲述，通过语误，通过词语的游戏，通过言语时的矛盾、结巴、不连贯等，表现出来的。

无意识是“它说”，是一种离在

拉康对无意识有很多新颖的理解。比如从“知道”的角度，在主体那里实际上存在着一个知道，拉康把这个知道叫作无意识的知道。其实，弗洛伊德也讲到这一点，只是他并没有展开论述，他说知道有很多种形式，其中有一种形式实际上就是无意识的知道：它是主体自己表达的，但是这一主体对此并没有意识。

拉康认为这个“知道”是拓扑的。如果不理解什么是拓扑，我们可以把这个“知道”理解为：自成表达，不依赖于意识表达，而且是一直寻求着进行表达。结合我们在《镜子阶段》那一讲的内容，对此再做点解释。我们知道，主体是不能自己表达自己的，要让“我”来代表主体表达。“我”的表达，在某种情况下好像能够被主体所控制、所意识到，主体与“我”

好像合二为一了。可是，我们也讨论了，“我”并不能完全代表主体，主体有“我”不能表达的部分。但是主体不能表达的部分，也想表达自己。弗洛伊德讲，主体的这一部分，也就是完全意义上的无意识，就必须突冒到意识里面来，具体地说是突冒到“我”里面，才能完成表达。拉康则进一步说，这个完全无意识的表达，是它自己想表达，是它自己想说。

可以设想这样一种情景：在我的内在住着另外一个人，或者不能叫人，可以称作一个“它”，它借助我在表达它，它将我作为媒介在表达。不是“我”在说话，而是它在借助我说话。无意识就是借助我的身体，借助我的话语，在说它自己。因此拉康说，实际上是“它说”（Ça parle），不是“我”说。无意识是“它”说。这个“它”，实际上就是弗洛伊德的“本我”，在弗洛伊德的第二个地形学理论当中，他用德语“Es”表示“本我”，而这个Es，翻译成法语是Ça，而翻译成中文应该是“它”。也就是说，现在的精神分析中文文献当中的“本我”，应该理解为“它”，这一点我们在第三讲也稍有提到。

无意识是“它”说，这与我们临床当中的一个工作原则紧密相关：自由联想。弗洛伊德所说的自由联想，我更愿意说它是一种自由言说。精神分析家要跟他的来访者说：在这个地方，尽量不要用你的意识控制你的话语，你躺在（或者坐在）沙发上，要放松自己，然后脑海里冒出什么东西，不管它是什么，不要做判断，把它说出来。自由言说的目的就是不要让我们的意识阻碍“它”说。

在这个地方我们就要讲到，拉康创造了一个法语里不存在但是很重要的词“Ex-sister”（离在）。有必要做一点解释。在ex和sister之间加了一个连字符，ex是一个前缀，这个前缀在法语里表示“不在”“离开”。拉康创造的这个词的发音，和另一个法语词“Exister”（存在）发音一样。实际上拉康是模仿了“存在”一词的法语发音创造了这个词，他想表达的是，精神分析的经验告诉我们人之存在的状态是Ex-sister，离开的存在。

“离开的存在”是一个悖论，离开怎么还存在呢？但是拉康说，是的，其实我们人类的主体就是处在这个悖论当中。人类的主体不在语言当中存在，并且抵抗着这个存在，一旦进入语言，它就被语言捕获，那么它就已经不属于“它”了，而是属于“我”。就算是突冒进入语言里，这些突冒的形式（过失行为、梦与症状）具有无意识的性质，但是实际上，它已经不是它了。另一方面，人类的主体又离不开语言，无意识是它自己在说，但是它要借助语言来讲，所以它又离不开语言。拉康认为语言是无意识的条件，就是在这个意义上说的。它不能离开语言而存在，但它同时又不在语言当中，它是一个“离开的存在”，是一个“离在”，就是这么矛盾的存在。

“离在”是对无意识矛盾特征很好的描述。如果说我们的主体有一个真正的所在，那么这个主体是处在言说的关系当中的，并不是固定在某一个确定的言语当中。拉康在这里回答了哲学的一个基本问题，人是“言说着的存在”（être parlant）。“parlant”本身是一个正在进行的动作，它是一个进行时态，这表示人类主体并不静止地存在着。主体存在于流动的语言当中，原因就在于我们的无意识主体，既离不开这个语言，又要依靠这个语言而存在。拉康说：“（精神分析意义上的）能指就是为了另一个能指表示着主体。”无意识主体并不在语言当中，并不驻留在任何一个能指之上，而是在能指之间。

无意识像语言那样构成

无意识和语言何以是这么奇怪的关系，它既离不开语言，但又不在语言当中？这是因为无意识像语言那样构成。

但是这不是说无意识由语言构成，而是说无意识像语言那样构成。拉康讲的是“像”语言那样。语言和无意识之间有很大的区别，其中一个最主要的区别是，无意识无时间性。我们童年发生的事情，童年接受的某一个能指，它无时无刻不在影响着我们，影响我们的现在。我们已经离开童年那么久了，离开那个情景那么久了，但还是被那时的能指一直影响着。这说明无意识是跨越时间的，无意识不具有时间性，它是共时性的，它始终存在。但是语言是历时性的，它是线性的，我们只能一句一句话地说出来，就跟我们书写语言一样。语言是线性的，不管你是横线还是竖线。

因此，无意识是语言的、能指的积淀。这个观点进一步来说就是，无意识其实是语言回响的沉淀地方。无意识因能指的影响而构成，所以语言是无意识的条件，而不是无意识本身。无意识本身失去了能指的一些特征，所以才说“像”语言那样构成而非“是”语言本身。

一个来访者突然出现了一个语误，这个语误表示着无意识在说，是“它”借助意识的语言在说，它不管也不在乎意识里的理解与费解。弗洛伊德的说法是，在无意识那里，有一个压抑的记忆，被排除在意识之外了；拉康直接说那里有一个能指的记录或者沉淀，语误实际上就是“它”把这个能指的记录放在这个语言里面讲了。无意识那个地方肯定有很多能指存在，我们上一章讲过，拉康给过一个无意识的定义：“能指的仓库，能指的积淀。”我们在构建“我”的时候没有用上的、剩下来的能指堆积在那里，这些能指也没有去别的地方，还在我们的内部。所以它才会想表达出来，才会借助我们的意识的语言表达出来。如果没有能指，实际上是没有无意识的，而不是相反。所以拉康的观点——语言是“无意识的条件”——也就是这个意思。

其实，我们在这里能再次发现拉康思想与弗洛伊德的联系。这样的观点其实也是弗洛伊德的理解。弗洛伊德在《梦的解析》著名的第七章《梦过程的心理学》中画了几个图式，这些图式想要说明我们的内在会收到一些感知觉记号（sign），这些记号在我们的内部，慢慢地就形成了无意识。[1] 当我们把“感知觉的记号”换成“能指符号”，就到了拉康的理论当中。这些能指是孩子一来到世上就击中了孩子的那些能指，但它们没有被用来修建“我”。这些能指也并没有消失，而是存在于孩子的精神世界中。

当然，这个时候，我们必须要把拉康的语言内涵明确下来。在法语当中有两个词指语言：langue，一般指口语，就是说出来的语言（这一点我们可以从 langue 的另一个词义“舌头”上有直观的感知），它也特指某一语言群体的语言，比如，法语、汉语或者德语；langage，在拉康这里并不是指特定的某个语言群体的语言，也不一定是通过舌头说出来的语言。凡是一个体系具有语言的普遍结构与性质，就是一种语言。拉康自己也在理论建构的晚期创造了另一个词“lalangue”（呀呀言语），用来指语言当中非交流的层面。幼儿在获得父母的社会性语言过程中，对这些社会性语言并没有很好的理解，但是他们会根据对这些社会性语言能指的想象，通过同音、同时、连续等因素，形成自己的个人语言体系。呀呀言语是幼儿

1 Freud，*The Interpretation of Dreams*（1900），SE V.

记录获得的群体性能指的形式，后来才在与大人的交流当中，经过修正而融入社会性语言当中。那么，那些没有融入社会性语言中的就是很重要的无意识能指了。

虽然不严谨，但是有这样一种印象也无妨。每个个体内在的呀呀言语，这个言语里沉淀着许多他者的能指，以及由这些他者能指经过变形或者结晶而来的能指。无意识主体更多地驻留在呀呀言语里。但是呀呀言语里的能指并不都能经过修正而融入社会性语言当中，因为修正就意味着与原来不一样，就意味着会有东西留下来没有融入社会性语言当中。或者说，社会性语言里的能指并不能完全表现它们，但它们要表达又只有借助社会性的语言能指。于是，它们就流动在社会性语言的能指链当中，它们也只能这样呈现着自己。

无意识能指是情感的载体

为什么有些能指没有被拿去修建“我”，或者说没有融入社会性语言当中呢？我们说过，孩子出生之后，他就掉到一个能指的网络里面，因为他周围的人跟他说话或者与他有行为互动，能指就从周围人的言行当中来到了孩子这里。妈妈给他一个玩具熊，这个玩具熊作为能指，代表着妈妈对他的爱，玩具熊是一个情感的载体。如果孩子出生之后，父母在吵架，甚至打架，如果父母在争斗中弄坏了孩子的玩具熊，那么，这个时候的玩具熊，作为一个能指，就意味着恐惧和焦虑。对于这些无法接受的情感，我们总是尝试着排除在“我”之外，我们在第二讲里谈到精神病时，对此有过一些讨论。一个孩子在能够很好地表达之前，实际上已经积累了很多能指，也正是因为他本身有很多语言的积累，他最后才可能会讲一些话。而那些承载着过重情感的能指，特别是那些承载着不好的情感的能指，则可能无法被表达；或者被孩子做出歪曲的表达，完全压抑或者部分压抑掉能指当中所承载的情感。在我们的临床工作中，精神分析工作者不可能关注主体说的所有的事情，但是他应该听见主体话语当中隐藏着的或者说压抑的能指，即在来访者表达的无意识形式当中，比如语误，发现来访者的压抑历史。

我们现在再回到精神分析的临床实践当中。对精神分析工作者而言，我们在听来访者说话的时候，要处在一个悬浮关注当中。悬浮关注就是：我们听来访者讲话，听着就可以了，不要在意有没有记住他的话。形象地说，我们听来访者讲话就跟我们在看电影一样，你看着就是了，突然有一天，当你在另外一个场合看到同一个电影的画面，你会立刻记起这部电影。因为你没有特意去记这个电影的某些片段、某些场景，反而这个电影想表达的情感与气氛能被你记得。

因为我们要听到的东西，对来访者来讲一开始可能是一个不被注意的能指，是个无用甚至垃圾的能指。他很可能需要在很久以后才能够理解这个能指。来访者讲述时，某个看似没有意义的话语，实际上被压抑了的话语推动着说出来了。看似没有意义的话语以它的方式携带着被压抑的情感，随着言说的继续，我们就可以发现原本没有意义的话语的意义，发现它所携带的情感。这就像我们有时看电影，一开始在电影里面出现的某个人或者某个场景一闪而过，我们并不明白为什么会出现这样的情节，以为是没有意义的，而随着电影的继续展开，这一情节在电影当中的重要性就慢慢地显现了。

精神分析的动作

精神分析工作者在工作的时候需要沉默。很多人非常不理解，为什么拉康派的精神分析家是不讲话的，其实我觉得这是对拉康的一个误解。如果单看是否讲话，那弗洛伊德也不讲话，至少弗洛伊德告诉我们，应该倾听，要谨慎开口说话。如果我们理解上文说的内容，就知道精神分析工作者就是需要沉默的，需要耐心地等待。曾经有人问拉康精神分析是什么？拉康回答：不是科学（pas science）。但是这其实是一个双关语，因为“耐心”（patience）的法语发音和“不是科学”的法语发音是一样的。所以，如果可以给“精神分析”另外一个名字，它就是“耐心”。需要耐心地等待无意识的表现形式：语误、动作过失、梦呈现出来。这个时候我们需要完全地倾听，不要在意我们有没有记住。我们这样耐心地倾听，才可以让无意识得到发展自己的自由的空间，这是精神分析临床的一个基本做法。

实际上，这一点和我们前面讲的悬浮关注及自由联想是连在一起的。在临床工作当中，精神分析工作者并不是任何时候都要给出回应，更不是为了给出回应而评判来访者，也不是为了给出回应而给来访者一些建议，精神分析的工作甚至都不是为了理解来访者。来访者说的话常常是没法理解的。如果强要做出理解，那么很可能精神分析工作者就把自己的欲望放在里面去理解了。来访者梦到了一条蛇，因为蛇对分析工作者来说有某个意义，可是对来访者来说不见得是这个意义，很可能有另一个特殊的意义。也许在来访者的生命之初，蛇和他的其他一些情感联系在一起。也许蛇对分析工作者来说是恐惧，而对来访者来说并不一定是恐惧，也许这个来访者的爸爸是个玩蛇的人，一个杂技演员，在来访者小的时候，他让这条蛇陪着孩子，所以也许这是个爱的表达。让来访者把他的故事讲出来，分析工作者就要有耐心，要保持沉默，在悬浮倾听当中让他自由地呈现那些曾经带着情感的被压抑的无意识能指。

精神分析工作者并不主动，我们保持一个空间，从而容纳分析主体，也就是容纳这个来访者的话语和思想，他无意识的话语和无意识的思想。英国精神分析家比昂说精神分析家应该做一个容器，也是这个意思。

当然，精神分析工作者的沉默并不是一言不发。他听到来访者讲了一些话之后，对来访者应该有一些基本判断。需要的时候，他要有一些干预，或者说，他需要做一些解释。如果这些干预与解释能让来访者的话语有变化，即能让更多的话语流淌出来，那么，这样的干预与解释就应该是成功的。拉康把一个成功的干预与解释称作精神分析的动作（acte）。精神分析工作者做的这些动作是为了让来访者走得更远。如果具体说到精神分析的动作，会发现其本身有很多种方式，但关键是：这些动作是否利于来访者的能指链流动起来，是否利于听到那个关键的重要的能指。

比如有时候，在来访者说很多话的时候，分析师突然让他停下来。为什么？因为这种突然暂停有可能让无意识呈现。无意识很狡猾，它穿着意识的外衣，突冒一下，突冒的那一刻，我们显然就应该抓住它。所以拉康的精神分析的临床实践是弹性的实践，就是当无意识呈现了，我们就应该停下来，当一个很重要的能指呈现了，我们就应该停下来，而不是为了把每次工作时间做完，并不是五十分钟都做完了才是很好的精神分析。拉康认为，如果有一个无意识的表现形式呈现出来了，你却没有动作，比如停下来，那么继续说的话很可能会把这个呈现出来的无意识能指掩盖，也就是没有被听到。

需要注意的是，精神分析的动作并不是和来访者做理智上的讨论。有时候在精神分析的工作过程当中，我们为了维持分析的设置，也会讲一些建议，但这些建议也只有一个目的，让分析可以进行下去，也就是让来访者的话语进一步打开。这个时候，这些建议也是精神分析的动作。

为什么要揭开无意识

无意识一直影响着主体，它一直在那个地方表现着它，它一直影响着我们的行为，让我们痛苦、迷茫。与其说我们要对无意识进行揭示，不如说它其实一直都在那个地方，但是我们不认识它，不知道它。我们要的是知道它。弗洛伊德的说法是：我们的一些经历，虽然我们不记得它，但它从来没有停止打扰我们。拉康的说法是：精神深处是他者的能指沉淀，它像一个仓库一样，装载着不属于“我”的能指，它们一直通过想象的、梦的和诗性的语言，左右着主体的今天。我们当然想知道它是如何影响着我们的今天，以便我们不那么盲目，且不说它有时候还让我们痛苦不堪。

想知道一个一直影响着我们却不为我们所知的东西是困难的。拉康认为，无意识实际上是在关闭的时候才能够让我们知道一点点。实际上，无意识只有在突冒进意识的那一刻才可能被我们知道一点，突冒进意识的那一刻，就是它关闭自己的那一刻。因此，过失动作、梦与语误又被称作无意识的形成物，在意识里的形成物，它们是我们知道无意识的途径。

过去一直塑造着现在。那些携带着强烈情感的无意识能指，如果它不能被很好地表达，在某种情况下是有可能转化为身心疾病的，不仅仅是纯粹精神上的症状。人类个体的身体在某种情况下被我们的精神影响和控制着，无意识里封闭的这些能指很可能就会影响我们，会让我们出现一些躯体化的症状。

比如你的脸颊很疼，也许会去看医生，医生也找不出器质性的病变。脸颊疼很可能是小时候你的爸爸讲，你再调皮，我要赏你一耳光。脸颊疼也许和这个事是连在一起的。要记住，你父亲当年只是这么说了，他并没有真的打你一耳光，但是因此你也就没有调皮，因为调皮的话父亲会真的给你一耳光。长大后的某一天，你发现你的脸颊开始疼起来，如果你做过精神分析，就会发现：很可能长大后，父亲的那个指令还在控制着你。父亲的耳光在现实中没有甩过来，但是在你的想象当中它已经甩过来了。于是你脸颊开始疼了。我讲的这个是在我们临床当中揭示的事情，实际上也可以在弗洛伊德的临床工作中找到多个类似案例。

过失行为就是一种身体行为，它也可以理解为无意识在我们身上短暂的躯体化表现。

为什么我们要揭开无意识？因为它一直在精神、身体与行为上影响着个体。在分析中，精神分析工作者如果一定要给来访者建议，那么这些建议归根结底就是在告诉来访者：你需要讲述你的历史，你需要知道你还不知道的关于你的历史，让这个历史呈现出来。在这个地方我们再次回应了自由联想的原则，就是你只要把你脑海里冒出来的东西说出来，在这种情况下，我们就有可能发现无意识的形成物，揭示你的无意识。

换喻与隐喻

无意识像语言那样构成，它们基本同构，但无意识与语言并不完全相等。结构主义语言学家认为语言的基本结构涉及两个维度：换喻与隐喻。我们可以在换喻和隐喻的维度上来理解一下无意识。换喻与隐喻首先是语言学的一对用语，拉康是从语言学家雅柯布森（Roman Jakobson）那里借用过来的，雅柯布森认为语言的邻近性与相似性是语言的基本对立形式，但是它们也可以被描绘为换喻与隐喻。雅柯布森说："邻近性和相似性的对立在语言和诗歌当中有种种表现，也可以描绘成换喻与隐喻的对立。"[1]

下面的图示表达的是一个简单的集合拓扑学的观点，我们用来理解换喻和隐喻。[2]这里的每一个椭圆形，我们把它叫作一个邻域，邻域是拓扑学的一个术语，不好理解的话，我们就把它理解为一个集合，同一个集合至少有一个共同特征。虚线代表"替代"关系。椭圆形里面有一条实线，代表它是一个话语，一个述说，一个句子。

1　（美）雅柯布森：《雅柯布森文集》，钱军、王力译，湖南教育出版社，2001 年，第 147 页。

2　（法）纳塔莉·沙鸥：《欲望伦理：拉康思想引论》，郑天喆等译，漓江出版社，2013 年，第 85—86 页。

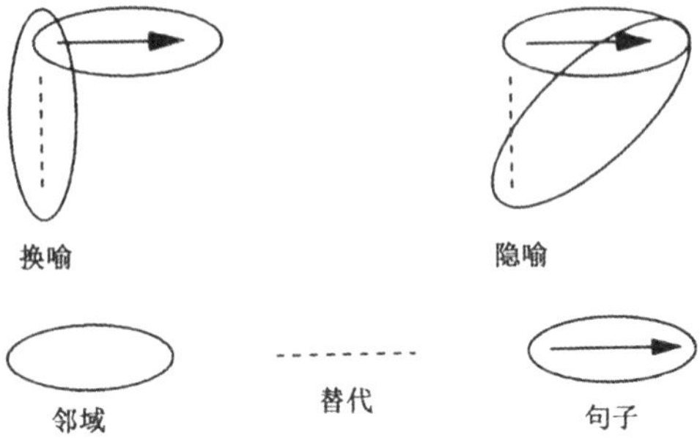

首先来看换喻。换喻表示，我们说一句话的时候，话里的每一个词，实际上是在一个集合里面挑出来的。举个例子，比如一个来访者讲：“我的经理，他太讨厌了，非常地可恶，我恨他。”这里的“经理”就是一个换喻。因为来访者可能很恨他的父亲、母亲或者哥哥等，但是他目前还没法将这个他真正恨的人说出来，所以这个真正恨的人被压抑了，“经理”就被挑出来，成为一个替罪羊，成为恨的客体的能指。也就是说，“经理”是虚线上的一个点（其他点就是父亲、母亲或者哥哥……）。正好在现实生活中，这个经理可能也真有可恨的地方，符合用来承载对某个家人的恨。这就是换喻。

再来看看隐喻。实际上，隐喻是由两个换喻构成的。我们还是拿上面的那个例子来说。来访者讲：“我的经理，他太讨厌了，非常地可恶，我恨他。”经理实际上是来访者的某个家人的替代。但是这里的“恨”，也是被替代的。来访者本来对他的某个家人是有爱的，但是这个爱也是不能被表达的，甚至为了抵抗这个爱的情感，要用另一种相反的感情——恨来表达。因此，在这里，这个来访者不能说出来的话“我爱我的家人”，经由第一个换喻“我爱我的经理”，再经第二个换喻（爱到恨），就变成了“我恨我的经理”。这就是隐喻。

拉康说：欲望是换喻，症状是隐喻。换喻就意味着欲望客体的转移，比如，本来恨着妈妈，现在变成了恨着经理；本来是一种爱的欲望，现在变成了恨的欲望。在分析的过程中，整体上表现为一个逆向的追寻，就是要找到这个原初的欲望的能指。而整体地看“我恨我的经理”这句话，它表明了这个来访者在现实层面的人际关系不好，不能和自己的上级领导搞好工作关系，这就是他的症状。因为这个症状实际上通过二重的压抑构成，不管是欲望的客体还是欲望的感情，都离开了本来的无意识能指，所以与无意识的关系变得更隐晦，要理解这个症状，就要分析这个症状里的元素，看看每一个换喻到底是什么。当然，一个真实的症状要比这复杂得多，由于与环境的互动是多次的，所以是经过了多重的复杂的压抑形成的，里面蕴含的欲望更多，换喻过程更多。这也说明症状是超决定的（surdétermination）、多重决定的，它有复杂的成因。

需要明白一点，我们每一个表达都有换喻与隐喻两个维度。我们可以将换喻看作平面坐标的竖轴，它始终在共时性上表明我们此时的欲望与原初欲望的关系，而隐喻是横轴，它通过一句话、一段话，表明这些欲望与当下的关系和产生的影响。

有一个女人自己没有孩子，但是却非常爱别人的（邻居的或者同事的）孩子。我们说她非常爱孩子，这是她的“欲望”，因为她想有个孩子，自己没有也要把别人的孩子当作自己的孩子。我们也可以说这是她的“症状”（因为这个症状好像也不会带来什么不适，所以我们打个引号）。这个“症状”就是她把自己换成母亲，把别人的孩子换成自己的孩子。如果这个女人有生育能力，却有心理性的原因不能有自己的孩子，假设她心理性的原因是她未曾很好地得到母爱，担心自己没法做一个好母亲，那么，她的“欲望”可能是另一个样子的：她把自己换成邻居孩子的母亲，试着跟这个孩子的母亲一样，做一个很爱孩子的母亲。她的“症状”也可能是，她既把自己换成邻居孩子的母亲，又把自己换成邻居的孩子，隐含地表达着她希望获得曾经缺失的母爱。

言语当中的每个能指都具有换喻与隐喻的维度，分析时，要看我们从哪个角度去看。我们在临床中，很难看到单一的欲望和单一的症状，症状和欲望本身在来访者的话语里是同时存在的，所以换喻和隐喻只是在分析层面上讲的。

弗洛伊德在《梦的解析》里谈到无意识的工作机制时，列举了六七个工作机制，后来弗洛伊德又做了提炼，大概说无意识机制有三种最重要：凝缩、移置与合理化。后来拉康继续提炼，抛弃了“合理化”，提出前两种是最重要的，并且将凝缩对应隐喻，将移置对应换喻。拉康实际上是对弗洛伊德的学说做了一个语言学的反转，从而将言语（parole）与语言（langage）放到了精神分析理论与实践的核心。

精神分析必须是两个人的实践

讲完了无意识与语言的关系，就能回答为什么精神分析必须是两个人的实践。因为分析实践当中必须要有述说，还不是自我说，是它在述说，是无意识在说。精神分析不是一种冥想体验，对于精神分析来说，只是想的话，语误不会出现。当自己在冥想、自己在反思的时候，实际上我们把那些语误都屏蔽了，因为语误只有说的时候才可能出现。当你只是在想，还是你的理性在进行控制。

所以最好的方式就是，在工作中对着另外一个人说，这样才可能有语误出来。所以精神分析必须是一个人对另外一个人说，要说出来，而不是自己将自己的话语放在自己的内部。来访者是让自己的内在话语借自己的口舌，借自己的身体呈现出来，不用进行理性的控制。在这里，理性是没有用的。精神分析实践不是理性思辨的工作，更多是一个当下的直觉的工作。

比如，当你想着“明天要去看我的老师”，当你想这句话时，不会有语误，只有说出来时你才会犯错。你一直用理性控制着自己，要做正确的表达，但你还是在“不小心”当中说错了。所以只有在对另一个人说话时，我们的语误才可以得到机会表达。我们讲过，这里再强调一下：当你出现语误时，其实这个时候不是你的理性的自我在讲，而是你的无意识通过你在讲。

我们在荣格那里也能看到这个发现，荣格有一个“积极想象”的临床技术[1]，这个技术是他独处时发现的。他当时让自己处在一种看的位置上，然后任由自己的另外一面自由地将想象表达出来。我认为荣格之所以创造出这个技术，在于他实际上做过精神分析的训练，他在弗洛伊德那里有过精神分析的经历。如果是两个人的实践，则由另一个人处在“看”的位置上，自己只管“说”就可以了。另一个人会在适当的时候给你一些解释，一个精神分析的动作，让你能“看”到、感觉到自己说的。与弗洛伊德的关系破裂后，荣格将这个“看”也放到了自己身上。所以当你和另外一个人分析结束之后，某种情况下这种效应还保存在你这个地方，因此“积极想象”才可能让你进行自我分析，但显然理想的状态，是两个人的实践。

此外，两个人的实践显然还对应着婴儿生命之初

1　（法）魏维安·蒂鲍迪：《百分百荣格》，严和来译，漓江出版社，2015 年，第 49 页。

的情境，这一点我们前面一讲也有谈及。婴儿在生命之初，与妈妈相遇，这是两个陌生人相见，一个自己一个他者，他们是在这之后相互熟悉的。精神分析工作室里的两个人，也是两个陌生人，他们的实践给了一个可能，从生命之初开始重建。生命之初，我们还没有理性，还没有形成自我，但是会有一个模糊的“我”的感觉，如镜子阶段所说的那样。弗洛伊德说是对回忆的重建，拉康更想说的是，对主体的重建就要从这个地方开始，我们那时的经历虽然不被理性记得，但是它们从来没有停止打扰我们。笛卡尔的我思故我在，这里的思强调了理性，强调了自我的存在。但是拉康讲的我思故我不在（Je pense là où je ne suis pas），这句话更好的翻译应该是：我在我不在的地方思。他强调主体是在建立理性之前，是在理性之外构建了主体的精神世界，理性只是我们构建自己的后果。人类都是在这种状态中，每个个体如果要让这种在“不在之地”的思能被更多地知道，就要放弃自己的理性，尽量逼近一个理性不在场的地方去说。

第六讲　压抑、阻抗与移情

压　抑

压抑是弗洛伊德早期理论的核心概念，这一点可以在他的早期著作中看得非常清楚，简言之，无意识最开始在弗洛伊德这里就是指被压抑之物。为什么在我们的精神世界里面会存在着压抑呢？弗洛伊德的说法是：因为我们碰到一些事情，一些欲望的客体，这些东西不被允许出现在我们的意识里，这些东西会给主体的存在带来麻烦甚至危险，这些东西违反了现实原则，所以我们必须要压抑它，压抑得我们在意识里都找不到了，就成了无意识。

在拉康的意义下讲压抑，首先要扩大能指的含义。

在能指那一章已经讲到，语言学里的能指是一个声音的声响，比如“树”的发音就是一个能指，它是个声响，它是存在于声音当中的。被引入精神分析后，拉康对能指进行了改造。改造之后，语言学家就都不承认这是语言学的概念了，这也说明语言学与精神分析学的对象是不一样的。拉康根据精神分析的经验，认为能指不仅仅是一个声响，它可以是一个无意义的音节和词，有时候是一个语义群，比如一句话，甚至也可以是一个形象、一幅画、一个场景。精神分析的实践经常会发现，某一个场景会反复地出现，这个场景并不是一个声响，它被描绘为一个画面或者是一句话，它是作为一个不能分割的整体出现在我们的述说当中的。

拉康认为存在着压抑，实际上是存在着一种对话语本质性的抵抗。因为人类的语言是线性表达，我们说话必须一个词一个词地说下去，同一时间不可能表达两个词。无意识本身没有时间性，它是一种共时性的结构，所有的无意识都会存在于那里。当我要把我脑海里的东西讲出来（自由联想），我就必须做一个选择，选择了这个，就必然会压抑另外一个。选择本身，就意味着在那个时刻、那一瞬间，你说这个词，就不能说另外一个词。一个能指就对另一个能指造成了压抑。这种压抑是本质性的，这是无意识的存在对话语本质性的抗争。

也许你既想选择这个也想选择那个，那么这个时候很可能想说出来的东西就是一个变体，结果说出来后，既不是这个也不是那个，别人也听不懂或者听成了别的意思，这就是一种语误，在换喻与隐喻当中表达着两个能指妥协之后的意思。人类个体的精神性症状也与此同构。

因此，压抑的本质在于，能指构建的无意识不可能如其所示地表现在语言上。因为我们的语言是线性的、历时的，无意识是共时性的，所以我们在表达的时候，必须做出选择，必须做出压抑。按照弗洛伊德的说法，我们在临床工作中，讲出一些话语本身，就是对压抑的解除。可是我们知道，实际上我们说话本身也是一种压抑。也就是说，完全解除压抑是不可能的，这里我们又回到第四讲提到的一个观点：真相永远只能是半说（mi-dire）。

也就是说，很可能我们永远不能解决我们的症状，永远不能解除我们的压抑，因为我们生活在一种时间的过程中。从生到死，实际上是一种时间的流失，我们必须有压抑，必须进入一种线性的秩序。压抑形成症状，而既然压抑是本质性的，那么症状也无法完全消除。只能说，经过调整，我们很可能可以得到一种相对来讲比较合适的症状而已。所以，按照精神分析理论，这个世界上没有人没有症状，没有人没有压抑，只是有些人的压抑更加病理性，症状更加让人不舒服。拉康说："因为在压抑的元素之中，有着一些无法表达的东西。有些本质上的关系，任何的说法都不能够被完全表达，只会留在……'字里行间'（entre-les-lignes）。"

也就是说，你真正想说的东西，你永远不能够完全把它说出来，但是它通过你的话语的空隙，多少能够表达一些。比如，从儿时起就被压抑的东西如何重现？我们通过话语把它讲出来，可是我们又不能完全把它讲出来，它只能以一种片段或者碎片的方式呈现出来。我们有时候会有口误，有回忆空白，我们在重复、犹豫，说话时会有些结结巴巴和其他的一些不连贯的形式。在这些表现里，我们就能体会到我们的压抑。

阻　抗

接着压抑，我们来讲一下阻抗。阻抗从本质上来讲，是言说表达不能的表现。“言说表达不能”就是压抑，也就是说，阻抗就是压抑的表现形式。压抑是压抑了一些东西，有时候通过表达一些东西来阻抗一些不能表达的东西，更准确地说，用一些东西来阻抗一些无法做到对它们进行表达的东西。这些东西承载的无意识情感负荷过重，没办法找到一个能指来指代它，但是它本身又有情感负荷，又要表达出来，于是就用一些能表达的东西来阻抗。在这个意义上，是表达不能的内容推动表达，也正是在这个意义上，随着表达的继续，我们接近这些表达不能的内容。

在临床工作当中，来访者的阻抗表现是多种多样的。比如，来访者会告诉分析家他的脑海里一片空白，此时的空白就是阻抗，就好像一幕白色屏障遮住要表达的东西。比如，来访者会遗忘工作时间，或者是以各种各样的理由离开分析的工作，他会讲我们的工作没有任何进展，实际上他想否定工作本身，因为那些表达不能的内容要被表达出来，但是其承载的焦虑又让他退缩。比如，来访者会在工作当中攻击你，当然是用言语攻击你，因为他的无意识情感实在太难被接受了，攻击倾听者是在预防那些情感跑出来。其实遗忘工作时间或者否定分析工作的价值，也可以算是一种攻击，只不过是一种被动的攻击。因此，当将要说出的言语承载的无意识情感负荷过重，为了回避这种压抑的情感，就出现了阻抗。

我们在讲无意识的时候，讲到人类的存在实际上是一种“离在”。存在但是同时抵抗存在，也就是阻抗本身，阻抗实际上是一种“离在”，来访者的无意识就在阻抗当中表现出来。因此在精神分析的过程当中，精神分析工作者不面对来访者的阻抗是不可能的。而且来访者的阻抗会表现出攻击性，因此攻击性也是不能避免的。大家不要忘记，我们在最开始就讲到精神分析的工作是让来访者表达他的攻击性，那些最具攻击性的话语，更应该说出来。精神分析工作就是一个不断面对阻抗的工作。如果分析的工作没有碰到一点阻抗，那么我们不应该庆幸碰到了一个好的来访者，而是应该质疑何以没有阻抗。

我们再结合拉康的镜子阶段讲讲阻抗。阻抗是来自主体和我（镜像我与社会我）的矛盾。我们在第三讲讲过，主体和“我”之间不可能是完全合一的，不管“我”是镜像“我”，还是后来发展成的社会“我”。由于不能完全合一，主体有些部分就没办法通过“我”完全表达出来。我们也可以说阻抗在于意识和无意识的不同形态，意识在某种情况下是瞬时的，是历时性的。也就是说，在某一时刻，在某一分某一秒，我们脑海里面只能有一个能指出现，而无意识同时出现在那个地方，无意识是我们存在的总和，是我们的全部。意识只能在某一个时刻照亮无意识中的某一点。因此，阻抗来自人的本质的分裂。从本质上来讲，我们人类是分裂的，说是分裂成意识和无意识也好，分裂成自我和本我也好，总之，人的这种分裂本身是根本性的，阻抗也是根本性的。

在这个意义上来讲，精神分析就是要来处理阻抗。如果说我们有一些麻烦、不舒服、精神上的困扰，在很大程度上，这些困扰是来自我们的压抑，来自我们的阻抗。那么，对于压抑或者阻抗，就需要进行清理。但是不要忘记，不管我们怎么清理，阻抗和压抑始终是存在的；症状，哪怕不是一个病理性的症状，这个症状也不会永远地消失，它只会被另外一个症状替代。实际上，幸好有压抑和阻抗存在，要不然我们的无意识就是敞开的，“向天空敞开”。如果我们的无意识完全暴露出来，我们就是精神病人，就不能建立秩序，建立社会的文明。

精神分析的工作，最重要的并不是回忆起压抑与创伤的事情，而是要听到自己回忆的过程。在这个过程当中，会发现一些附着情感的能指，它们也许是碎片状的，也许是离散状的，在这个过程当中，听到并发现这些能指，也是发现这些能指之间的关系，换喻或者隐喻。只有这样，原来的创伤才能被解构，原来对创伤的固定的认识才会发生反转，并且还会让你在创伤当中发现一些能指，这些能指可能会帮你修复或者重构一个新的关系。

对于上面的内容，我们现在总结一下。没有编织进社会性语言里的东西，或者说被语言阻挡在外的东西，就是压抑的东西。为了防止这些东西再次进入语言，这就是阻抗。但是这些没有进入语言的东西会在语言之外影响我们，会让我们不舒服，会让我们不了解自己，会让我们不明白自己的身体、行为以及思想。通过分析，通过一种移情，可以把这些语言之外的、被我们的语言所抵抗的东西，重新编织进语言，被我们以某种方式触碰到，从而引起一个效应，这个效应让我们对曾经的自己有一个新的认识，对曾经固着的、僵化的认识有一个反转，从而发现过往事件的新的面貌，发现我们自己行为的原因与动力。

移　情

接下来，我们就来讲“移情”。这是我们这一讲的重点，下面的篇幅都将贡献给这个主题。首先来谈这个术语的翻译问题，它会帮助我们对移情有一个最基本的理解。

“移情”一词的德语是Übertragung，它来自动词übertragen，字面意义为“能量、资产等由一处传运到另一处”，“书文等由一处转写到另一处”，引申义还有“翻译”“（疾病）传染”等。“移情”一词的法语是transfert，字面意义与德文有点相似，指非物质材料或比较有价值的东西的移置，比如资金、产权的转移。需要注意的是，弗洛伊德使用“移情”一词时，最开始是使用它的法语词transfert。1888年，弗洛伊德翻译了法国南锡派催眠大师伯恩海姆的书《论暗示及其治疗应用》，在给德文译本作序时，他直接引用了法文transfert，并且用德语

Übertragung翻译这个词。同年，他在另一篇讨论癔症的文章中，也直接引用了法文transfert，用来指称感觉或其缺失从身体一侧转到另一侧，这也就是他的老师法国人沙柯（Charcot）的“转移法则”。此词在中文当中有多种翻译，比如“移情”“转移”“传会”“转位”。这里按习惯翻译为“移情”。但是，“移情”显然并不只是“情”的转移。拉康在《关于移情的干预》（1951）中对此有所批判：“移情并不涉及任何神秘的情感，即使它表现得很有情感兴奋的一面，它的意义只能借助它产生出来的辩证运动才能得到。”

移情是关系

移情很难定义，因为这一概念发展到最后几乎构成了来访者与分析工作者之关系的所有方面。现在的普遍看法是，精神分析治疗的效果只有在移情下发生，移情的建立、发展、解释，以及消解，构成精神分析治疗的整个过程。移情也表现了每个精神分析工作者如何将精神分析的思想方式与工作原则融入每一次具体实践的运作过程中，体现了精神分析工作者的工作风格。

我们先来看看法国精神分析权威性词典《精神分析词汇》对移情的定义：在精神分析中，移情指的是一种过程，凭借这一过程，无意识欲望在与某些对象所建立的某种关系架构中——特别是精神分析——现实化于这些对象之上。[1]顺便说一下，这部词典的两位编撰者拉普朗什（Laplanche）和彭塔利斯（Pontalis）曾经是拉康的学生，这一定义本身也反映了拉康对移情的理解。

编撰者还补充道：这是一种儿童期原型的重复，其体验伴随着明显的现实感。这个补充很简短，但却对理论性极强的定义进行了很鲜活生动的解释。首先是儿童期原型：无意识欲望扎根在与儿童期原型的关系当中，一般来说这些关系应该是没有处理好的关系，创伤的、压抑的，或者是原本应该发展但没有很好发展的。其次是明显的现实感：即童年的感觉在当下上演，在和精神分析工作者的关系中上演，因此童年的

1 Laplanche et Pontalis, *Vocabulaire de la psychanalyse*, PUF, Paris, 1967, p. 492.

感觉才具有现实感。来访者无意识地让精神分析工作者在某种程度上扮演着儿童期的原型，通过关系互动，他体会到这种关系，从而修复创伤、解除压抑，创造和发展可能性。

我们看到，不管是词典中对移情的定义，还是编撰者进一步的解释，都提到移情是一种关系。一开始弗洛伊德并没有认识到移情是整个分析关系的本质。他并没有将整个治疗视作一种移情关系，但是他已经认识到这种关系中有一种重要的东西存在。1905年，他在《杜拉个案》当中提到，移情是随着治疗进展而需要被唤醒的、被意识到的幻想的再现、复制，等等；其特征就是治疗师以其个人来替代一个来访者早先生活当中的人物。《移情动力学》（1912）是弗洛伊德第一篇以移情为主题的文章，在文章中，他强调移情与某些“原型”有关系（主要是父亲，也有可能是母亲、兄弟等的原型）：“……把医生引入病人已经形成的某个心理‘序列’中去……”[1]

拉康在1961年以“移情”为题，开了一年的讨论班。拉康在讨论班里谈到，弗洛伊德发现移情有一

---

1 Freud, *The Dynamics of Transference* (1912), SE XII.

个过程，一开始他并没有太明白它，还极力希望消除它。但是弗洛伊德很快就认识到移情的重要性，并发现它与精神分析临床实践当中的一个最本质的东西是相联系的，那就是无意识的呈现。实际上，移情是临床实践的动力所在，没有移情，一个分析的实践很难进行下去。拉康接着提出，精神分析家只能从移情本身来进行分析、解释与干预。移情虽然是过去在当下的现实化，是过去经历在当下的在场，但是他认为这是一个高于过去的在场，因为这是一种行动当中的在场，是一种再生产与创造。正是在移情当中，来访者的主体在制作、建构某些东西。拉康强调，移情中重要的是我们在一种关系中向某人说话，而将这个事实从移情中消除是不可能的。

移情是阻抗

悖论的是，移情首先是作为阻抗被发现的，这也就是弗洛伊德最早发现的移情表现。

弗洛伊德在对安娜·欧个案重新进行回顾时，移情现象就作为“障碍”阻断了治疗的进行。1925 年布洛伊尔去世，弗洛伊德为他写了悼念文章，弗洛伊德写道："现在我有充分的证据怀疑，在她（安娜·欧）所有的症状都缓解后，布洛伊尔一定从一些迹象中发现了移情的性欲动机，但他没有发展这个让人意外的现象的普遍特质，结果是在好像遭遇了一个'不利事件'之后，他中断了进一步的探索。"[1]弗洛伊德其实是在说，安娜·欧对布洛伊尔的移情阻止了他们工作的继续。

在《论癔症的心理治疗》（1895）中，弗洛伊德非常明确地将移情看作被压抑之物重返记忆的一个主要"障碍"，移情出现得相当频繁和普遍："……我们可以确定它在所有严谨的分析中都会出现。"在这一时期，弗洛伊德观察到，特别重要的压抑之物可能要被揭示出来时，对治疗医生的移情就会出现。在此意义上而言，移情就是阻抗的一种形式，同时也警示着分析工作离无意识冲突的主战场更近了。

在《梦的解析》中，弗洛伊德尝试着在移置的机制下理解移情，将它看成移置的模式之一。就像无意识欲望是通过白天的意识残余所提供的材料在梦里伪

---

1 Freud, *Josef Breuer* (1925), SE XIX.

装出现一样，通过移情与分析工作者的关系，无意识欲望也进行自我改装和表达。最初，对弗洛伊德而言，移情只是情感由一个（人物）表象转到另一个（人物）表象，分析工作者之所以特别地被选择为移情的对象，是因为分析工作者不但是主体随时可用的一种“白天的残余”，而且主体通过向分析工作者表达情感来阻抗被压抑的无意识欲望的暴露。

在这里，弗洛伊德还是将移情看作一个局部的精神现象，没有把分析工作者本人的影响看作移情。但是拉康在这里也发现，对于移情的一种辩证的理解在弗洛伊德那里已经出现了。因为他已经意识到，作为一种阻抗，移情的确可能会对分析工作有妨碍，但是它的出现也表明无意识冲突的存在，“主战场在接近中”，也就是说，通过它我们能看到无意识欲望。欲盖弥彰，越是说没有，越是抵赖，就越表明无意识欲望在起着作用。因此，阻抗在另一个意义上，就成为理解与把控主体在儿童期与原型之间冲突的有利方式，我们通过移情可以看到来访者的无意识幻想、冲突与欲望的持续存在和强大力量。

在这个意义上，我们再来看看弗洛伊德另外几段认为移情就是阻抗的文字。

《移情动力学》(1912)中有强调阻抗的一段话:"阻抗是如此清晰,以至于在下一个自由联想中得以标记,并表现为阻抗本身的要求和分析工作的要求之间的一种妥协。我们的经验表明,移情正是在此处登堂入室。当情结中的任何材料(在情结的主体素材中)刚好适合于转移到医生这个人身上时,移情就开始了;它催生了下一个自由联想,并通过阻抗的形式宣告自己的存在,比如通过停滞。由此经验我们推断,移情观念在任何其他可能的联想之前已经植入意识中,因为它满足了阻抗的需要。这类事件在分析过程中被无数次地重复。当我们一次又一次地接近一个致病情结时,能够被转移的那部分情结最先被推到意识之中,并以最强烈的固执来防御。"[1]

《移情动力学》(1912)中还有强调利用移情的一段话:"正是在这个领域必须获得胜利——胜利的表现就是神经症的痊愈。无可争议,控制移情现象是精神分析家遇到的最大困难。但不应忘记,正是它们为我们提供了不可估量的帮助,使患者隐藏和被遗忘的性冲动现实化并显现出来。因为无论怎么说怎么做,

---

1 Freud, *The Dynamics of Transference* (1912), SE XII.

都不可能毁掉一个缺席或虚拟的东西。”[1]重申一下：无论怎么说怎么做，都不可能毁掉一个缺席或虚拟的东西。这句话非常重要，拉康及后来的拉康派分析家在他们的教学中反复提到弗洛伊德在此提出的观点：只有那些东西显形、活现，我们才能捕捉它、处理它。

拉康在对弗洛伊德的重新阅读当中，从辩证的角度，对移情做了许多进一步的理解。这里总结为四个方面。

移情辩证之一：分析就是在阻抗中进展

1909 年的《鼠人》个案中，弗洛伊德发现移情不仅是主体重新体验与其双亲的关系，也伴随着一种矛盾性情感，即移情有正向的也有负向的。在《移情动力学》（1912）里，弗洛伊德依旧这样区分。我们知道两分法是弗洛伊德的爱好，“我们必须决意区分‘正性’移情和‘负性’移情，区分温情的移情和敌意的移情，并能区别对待这两种对医生产生的移情。

---

1 同前。

然后，正向移情还可以被进一步区分为能被意识接纳的友好或温情的移情，和这些情感延伸至无意识的移情。对于后者，分析表明，它们总是会回到性欲的源头”。

弗洛伊德在《移情动力学》（1912）里继续谈到阻抗与正负移情的关系：“这样谜题就解开了，对医生的移情，只有是负性移情或者由压抑的性冲动构成的正性移情时，才会变成治疗的阻抗。如果我们通过意识化来‘移除’移情，我们只是把情感行动中的这两个组成部分从医生这个人身上移开了；可被意识接受且不会招致反对的另一组成部分则留了下来，成为精神分析得以成功的工具，正如在其他治疗方式中一样。”

弗洛伊德认为，移情并不全都是阻抗，只有负面的移情和“由压抑的性冲动构成的正性移情”才是阻抗。我认为这里的正性移情就是弗洛伊德在《移情之爱的观察》（1915）里讨论的色情性移情（弗洛伊德说是移情之爱，正确地说，应该是爱的移情）。这些是阻抗，但是其他的正向移情真的就是“分析得以成功的工具”吗？拉康认为，弗洛伊德在这里犯了一个错误，即弗洛伊德试图将移情简单化。首先，这种性欲色彩不强的正向移情实际与性关系密切，只不过是性目的软化了。弗洛伊德自己在《移情动力学》（1912）中说的话其实也证明了这一点："我们因此得以发现，所有在生活中被赋予良好品质的情感关系，如同情、友谊、信任等，都与性有着天然的联系，它们从纯粹的性欲发展而来，经历了性目的的软化，却又在我们意识的自我感知中显得纯洁而与性无关。一开始我们只知道性客体，而精神分析向我们展示出，现实生活中那些被仰慕和敬重的人，可能仍然是我们无意识的性客体。"所以"软化了"性目的的正向移情，可能也是一种阻抗，一种更加悄然的阻抗。其次，我们很难纯粹地说一个移情是正性或者负性的。我们很难说对于自己的父母是完全爱或者完全恨的，它更可能是爱恨交加，"情感矛盾的"。第三，实际上，某些正向移情可以让分析得以进展，但是根据上文提到的内容，弗洛伊德另一方面也说到在负性移情当中，我们感觉到了来访者的无意识欲望，即来访者欲盖弥彰的部分。因此关于某些特定移情才是阻抗的讨论，实际上和他整体性的思想相违背。

因此，关于移情的第一个辩证的观点是：只要是移情，就都既是阻抗同时也有利于工作进展。分析的工作就是在阻抗当中进展。移情是个结，有结不通，但恰恰也是有结才有相连。显然，这才是弗洛伊德关于移情的全面理解，虽然他自己有时候忘记了自己的理解。

移情辩证之二：分析就是在重复中变化

如果分析的进展在于移情，那么移情就成为分析工作的本质现象，移情将基于儿童期冲突原型的过程，构建着分析实践的全过程。拉康注意到，在弗洛伊德提出的“移情神经症”中，可以感觉到他有这样的思想：“……我们允许他（来访者）进入移情，嬉戏的场所，在这里他被允许以几近完全自由的方式去表现，而且在这里他被指定在我们的眼皮底下向我们展现出所有病原性的冲动，那些在被分析者的灵魂升华中已被隐藏的部分。当病人就遵守治疗所需的必要条件而言表现得足够顺从，我们就会有规律地对疾病的各种症状赋予新的移情意味，然后把他的一般性神经症以移情神经症加以替代，后者通过分析的治疗工作是可以治愈的。这样，移情创造了在疾病与生活之间的中介领域，通过它实现了从前者到后者的过渡。这种新的状态具有疾病的一切特征，但是它构成了一种在任何点上都可以让我们的干预得以介入的人造疾病。它同时还是真实生活经验的一个片段，通过一些特别有利的条件来实现，且具有临时性的特质。从在移情中所展现出来的重复反应出发，经熟悉的道路就通向了回忆的复苏，这在阻抗被克服后可以毫无困难地加以实现。”[1]

我们可以注意上面的这段引文中提到移情有两个特点：

1）“从在移情中所展现出来的重复反应出发”，说明移情现象在重复中占主要位置。弗洛伊德在《超越快乐原则》（1920）中对此讲得很清楚：“病人无法记起所有在他身上被压抑之物，而且可能无法记起的正是最重要的部分……因此不得不重复地以某种方式现实化被压抑之物，犹如体验当下的经验。”这里说的犹如体验当下的经验就是指移情现象。弗洛伊德在这篇文章中还进一步指出了这个最重要的被压抑部分是什么：“……其内容总是儿童期性行为中的一

1 Freud, *Remembering, Repeating and Working-through*（1914），SE XII.

个片段，即俄狄浦斯情结与其分支的一个片段……”我们能够理解，移情其实就是要将童年早期的东西转运出来，但这是困难的，所以在这个点上要“反复”，不停地重复这一情境。从另一个角度说，我们讲移情在不停地重复过去的情境，也可以说是无意识的特点决定了这种重复，我们知道无意识没有时间性，没有矛盾，少顾及现实。精神现实，即无意识欲望及其幻想，具有永恒性，它无时无刻不在表达着自己，以重复的方式。一旦得以表达，重复就消失，在某个维度上，这就是“治愈”，也就是弗洛伊德说的，能够回忆意味着治愈了。拉康充分肯定了弗洛伊德对“重复”的理解。1964 年，在另一个讨论班“精神分析的四个基本概念”当中，他将重复地表达自己作为无意识表达的最基本特征，当然，这都发生在移情的过程当中。

2）“人造疾病”，也就是说，移情是在分析框架下人为地制造出来的新的生活表现形式。我们也可以有另一个说法，移情是一种“付诸行动”，在设置框架下的“付诸行动”。来访者没有办法“回忆”，或者没有办法让某些“精神现实”里的东西翻转成言语的“言说”，于是，就用别样的言说形式，这是一种行为的、身体的方式的言说，传达着某种情况下还不能被语言捕捉，还不能进入语言但会驱使语言的东西。这是一些不能被回忆的东西，那么只好以别样的形式回忆。一旦在别样的形式里很好地经历和体验了，也就是某种形式的“治愈”，也就能够进行言语，能够被回忆。正是在这个维度上，拉康说，被治愈了才能回忆，才能言说。

因此，关于移情的第二个辩证观点是：移情在重复中展开，但重复不是一成不变的，它会带来回忆，带来“治愈”。实际上是无意识冲动让移情潮起潮落。但是我们可以想象并不是每一片海滩的潮水都是一样的，这必然与海滩的形势有关。我们下面就要谈到移情的下一个辩证观点。

移情辩证法之三：移情是相互的

现在看来，《移情之爱的观察》（1915）中的很多观点都值得商榷，但是通过对移情当中一个特别的现象（色情性移情）的观察，这篇文章提出了一个对精神分析来说至关重要的基本问题：某一个确定的来访者，对每一个精神分析工作者的移情是否都会是一样的？在移情当中，精神分析工作者本身处在什么位置上？

实际上，我们在其他地方也能看到，即使是非色情性的移情，如果处理不当，依然会让分析受挫甚至中断。比如《给从事精神分析治疗的医生的几条建议》（1912）中提到的情感性技术。

《移情之爱的观察》（1915）里面最重要的观点其实在一开始就表达了："不过，当时机成熟的时候，他很快就会明白这些困难并不是最重要的，他们必须面对的唯一真实的、严肃的困难在于移情的处理。"弗洛伊德此时已经明白，移情作为阻抗的困难其实并不是什么困难，真正困难的是对移情的反应，不管是正性的还是负性的。弗洛伊德已经明白，移情是消除不掉的，分析工作者总归要对移情有个反应，总归要考虑怎么办，总归要对移情进行"处理"。

这表明，弗洛伊德已经把移情当作一个真正的精神分析的本质现象来考虑了。移情要考虑到精神分析工作者个人在分析当中的作用，不管移情是正性还是负性的，分析工作者的反馈才是重要的。移情是关系，并且不是一种单方面的关系，而是交互的关系。《移情动力学》（1912）也提到："如果'父亲意象'——

用荣格（Jung，1911，164）提出的这个贴切术语来说——是导致这一结果的决定性因素，那么结果将符合主体与医生之间的真实关系。”分析过程与移情之间有着相互影响，分析当中发生的事情，比如一个小小偶然，会影响移情的走向。偶然的事件可能会将来访者原来的童年关系融进与分析工作者的关系当中，即这里的“主体与医生之间的真实关系”。

那么，一个分析家应该如何对明显针对分析家的移情做出反应呢？不管是正面还是负面的，分析工作者不必先来访者之忧而忧，后来访者之乐而乐，但是一定要“不以物喜，不以己悲”。这就是中立和节制的原则。我们在《移情之爱的观察》（1915）中看到，弗洛伊德强调，分析家会影响来访者，分析家要小心谨慎，不要把自己的欲望带入分析中。

因此，移情的工作当中最不好处理的，恰恰可能是移情里的正性成分。分析工作者不能占据移情交付给他的东西。做到这点并不容易。弗洛伊德在《回忆、重复与修通》（1914）当中有几个地方具体建议了如何在工作当中处理这些移情，这里不赘述，但是在这篇文章里，他还有一个忠告：“在实践中，这种对阻抗的修通，对被分析者而言可能是一项艰巨的任务，而对分析家而言则是对耐心的考验。”在此，我们再次碰到“耐心”，我们在第五讲里提到，拉康认为进行精神分析的实践要有“耐心”。弗洛伊德也强调了这一点，在处理阻抗（负面移情）时也要有耐心。

对于这个观点，拉康理解得更加深入，认为“只有分析家的移情”。实际上，作为一种职业，一个分析家总是以某种方式发布信息，说他是分析家，可以接待来访者。而分析家发布信息的方式（报纸上、电话黄页上、某个协会的通讯录里……），信息的具体内容（工作室所在的街区、使用的语言……），以及分析家布置自己工作室的方式，这些都透露着分析工作者的爱好，透露着分析工作者想呈现给来访者的东西。当一个分析工作者作为分析工作者时，他就给出移情，他就在等待着他的来访者。因此，分析家的移情是在先的。而我们在临床中也常常发现：来访者说什么，在于分析工作者想听什么。尽管常常是来访者猜测分析工作者想听什么，但又何尝不是分析工作者的有些作为或者不作为让来访者有这样的猜测呢？因此，拉康的观点是：分析工作者与来访者之间的移情不仅是相互的，而且分析家的移情对来访者的影响要大于后者对前者的。

因此，我们来到了移情的第三个辩证观点：移情是相互的。特别重要的是，一个分析工作者要尽量不因为自己的个人内在情感影响分析进程，在分析当中守住自己的位置：保持与来访者的合适距离，不拒绝，节制与中立，不让来访者太不舒服，要体会自己在分析过程中的感受，因为这些会影响分析进程。移情对于分析实践的重要意义就在这里：在分析场景中有所经历，而且是双方共同去经历。

移情辩证法之四：
揭示无意识的同时，又在创造无意识

移情是相互的，精神分析来访者与精神分析工作者在工作当中有言语的交流，来访者说得多，分析工作者当然会有一些解释。做出解释的前提是，分析工作者在来访者的话里听到一些东西，而解释得以起效果，说明言语触及了无意识。移情隐含在说话交流中，如果说移情是相互的，这种相互是言语的交换，双方在言语当中进行着变化。拉康在第一个讨论班《弗洛伊德的技术文献》中说："本质上说，我们谈到的有

效移情，只不过是言语的动作（acte）。每次当一个人以一种情真意切的方式与另一个人说话，这里就有一个移情，这是移情的本义，符号性的移情——一些东西发生了，并且改变了在场两个人的本性。”我在这里特意标注了“动作”的法语“acte”，它与前面提到的“精神分析的动作”的法语是一样的，移情当中的言语动作，就是精神分析的动作。

在临床当中，精神分析工作者如果有干预或者解释的话，记住，这并不是为了让来访者真的接受，而是为了让来访者的话语被激发起来。分析工作者的话语不一定要对。什么是对？这本身就是个问题，这个问题等同于我们在第二讲讨论的“精神现实”，但是分析工作者的话语里要有一种“真”。这个“真”，就是分析工作者的理解，无意识的理解。这也就是分析工作者对来访者的移情，只有这个移情会激起话语。干预和解释的话语要节制，更要真实，任何虚情假意在这里都会妨碍分析的进展。

在临床工作当中，来访者为什么要对精神分析工作者说话？因为来访者要在精神分析工作者那里，通过言语寻找他的欲望客体，他很小的时候就丢失的东西。就像无意识处在他者和“我”之间，来访者需要一个人在那里，将之认定为“他者”，并且假设这个他者知道。

因此，移情虽然经常通过强烈的情感来表现自己，但它并非由这些情绪所组成。相反，移情的本质意义是由无意识的结构、无意识主体的关系结构所决定的，是形成无意识的语言关系决定的。移情自然也是在语言当中前行的。来访者经历当中的东西被言说，被标记，分析工作就得以展开，如果这些东西没有被很好地标记，没有被很好地言说，那么不管是爱也好恨也好，那都是阻抗。

分析工作者常常会被认作来访者儿童期的原型，但是我们知道，分析工作者并不是这个原型，他本质上只是一个人，一个他者。分析来访者与分析工作者，他们在根本上以一种纯粹的人与人之间的关系存在，分析来访者与分析工作者之间，是两个主体间的关系，主体与他者的关系。他们是一种近乎纯粹的人与人之间的关系，即语言的关系。于是他们在这里制造语言的效应，符号的效应，在揭示无意识的时候，又在创造无意识。就像人生之初的母子两人一样，创造着无意识的能指。所以，移情最重要的一个方面，就在于创造无意识。

第七讲　想象、符号和实在

波罗米结

先看一个图：

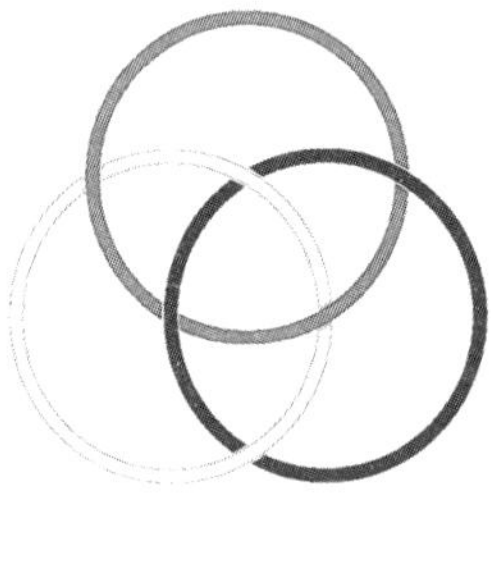

拉康在一开始讲想象、符号和实在的时候，并没有提到这个图。但是想象、符号和实在这三个词组成的概念组，拉康在整个精神分析的生涯中都一直在反复考虑。在他的一个学生兼同事的提示下，他在欧洲的宗教文献里找到了一幅图：实际上它由三个环构成，我们可以把它们分别看成想象、符号与实在；这三个环是套在一起的，它们的套叠有一个特点——在这三个环当中，如果一个环松开了，另外两个环也就松了。大家可以按着上图给的样子，自己用三个不同颜色的绳圈试着做一下这个套叠。简言之，可以先把任意两个环不完全重叠地放在一起，但不相互勾挂，然后将第三根绳子先不打结，分别从上面的环的上面和下面的环的下面穿过，再打结，这样也可以做成此结。拉康在欧洲宗教文献里发现的这三个环组成的结叫波罗米结（*Nœud Borroméen*）。

拉康差不多从1954年2月24日，从他的第一个公开讨论班的后半程开始，就提出了想象、符号（象征）和实在，他当时还没有提到波罗米结，但已经提出了这三个概念。这个概念组是拉康理论的标志性内容，差不多贯穿了拉康一生对理论的思考，特别是在1974年到1975年，也就是首次公开讨论班的二十年后，他以三个概念为主题，专门开了一个讨论班，当然那时的提法跟一开始的提法之间存在着差距。

拉康认为，我们的精神世界就像这三个环的关系一样，它们嵌套在一起，每个环代表一个领域或者每个环代表一种秩序，三种秩序缺一不可，每种秩序都依赖其他秩序而存在，其中之一不存在，另两个也不存在。任何一个精神现象，都包含着这三个维度，至少它本应包含这三个维度。

顺便说一句，其实在中国也有这种思想。《道德经》里面说：一生二，二生三，三生万物。《道德经》里没说“三生四，四生五，直到生万物”，因为我们的精神世界只要形成三个环组成的组结之后，即“三”的概念之后，一个精神的基本机制就形成了，作为内容的万物都由此机制产生。

中国佛教的文献也讲一即三、三即一的观点。佛教，特别是中国禅宗认为，“一”里面是有着三个部分的，这三个部分都是相对的：任何一个部分都相对于另外两部分而存在；一个部分不存在，另外两个部分也就消失了，结果就是“一”也不存在了。因此“一”里面是蕴藏着“三”的。明末清初的思想家方以智写过一本书《东西均》，谈到了这样的思想，方以智也从佛教文献当中找到一个梵文符号“∴”表达了这种一即三、三即一的思想。梵文“∴”正好发音是“一”，按方以智在《东西均》里的叙述，他写过一篇文章叫《∴论》，但是此文应该是遗失了。我们只引用一些他在《东西均》中的部分论述，来感受一下方以智所述与拉康发现的波罗米结想表达的思想的相同之处：“圆∴三点，举一明三，即是两端用中，一以贯之……上一点为无对待、不落四句之太极，下二点为相对待、交轮太极之两仪……无对待在相对待中。设象如此，而上一点实贯二者而如环，非纵非横而可纵可横。”[1] 方以智认为这三点是个整体∴，这是一个“一”的状态，三点看似分开，上一点生下两点，但上一点实贯在下两点当中，三点谁也离不开谁。

这个概念组是拉康的一个基本思想，让拉康跨越了结构主义，跨越了语言学，跨越了哲学界，也跨越了当时所有的人文思想领域。但是，我们这里只着重看看拉康是如何将这个思想与精神分析的临床结合起来的。

1 方以智著，庞朴注释：《东西均注释》，中华书局，2001 年，第 65—66 页。

一个孩子出生了……

为了讲精神分析的临床，我想先描述一个孩子出生的故事，从而来理解想象、符号与实在的关系。

我们讲过，人类是有根本缺陷的，人类的婴儿出生得太早了，就算足月出生的婴儿也是“早产儿”，出生之后，婴儿必须依靠外界的抚育者才能存活下来。我们把婴儿出生之后的这个根本的缺陷、缺失，理解成“实在”，即婴儿什么也没有，什么也不是，也不知道怎么办，他不理解自己，也不理解包含着他自己的这个世界。这个时候的婴孩有一个基本的、巨大的焦虑，一种生存的焦虑，这是一种不知名、无法述说的焦虑（第十讲会具体谈到这种焦虑）。我们也可以将这个焦虑理解成“实在的”焦虑。

但拉康也说过，婴儿一出生就掉到了语言的澡盆里。也就是说，带着巨大焦虑的婴儿需要构建他的精神世界，从而避免焦虑将他淹没；也为了能活下来，他需要与环境互动，与照顾者互动。在生存的维度上说，我们要给孩子吃，给孩子穿；在精神构建的维度上讲（对于人类来讲，这是一个让他成为人的维度），婴儿需要接收到他周围的人给他带来的影响。周围的这些人与事物、事情与话语，就是一些符号，即能指。当然这些人或者事物及经历等，不是只有能指的性质，但是我们现在暂且只提取它们具有能指性质的这一点。婴儿出生之后所获得的这些能指，或者说撞击在婴儿“实在”之上的这些能指，我们就理解成“符号”。

不过，刚才我们讲了，对于周围的人与事物、事情与话语，对于这些环境赋予的东西，对于这些能指，婴儿并不是很明白。我们也讲过孩子出生之后是带着巨大焦虑的，他需要理解这些焦虑及环境。因此，尽管不理解这些能指，但是他们会对这些能指进行想象，想象这些能指里负载的情感，从而安放自己的焦虑。也就是说，孩子一接触到能指就用它来理解自己的“实在”的焦虑，他不是理解能指，但是他会从周围人给的这些能指的方式当中想象其具有的情感。我们把从婴儿开始人类就有的这个精神活动理解成“想象”。

比如，一个幼儿因为无法表述的实在的焦虑而哭泣。这个时候，妈妈给了孩子一只玩具熊，这只玩具熊就是一个能指，即一个符号，它指代着一种能安抚焦虑的情感。当孩子得到这只玩具熊时，他将之想象为“妈妈的爱”。如果没有实在的焦虑，就不必给予一个符号去安抚或者说填补；如果没有符号，想象就无所依凭。反过来，如果没有想象，孩子就不会真正地接受符号；如果没有接受符号，也就没有什么东西去填补实在的缺失，或者安排实在的焦虑。

孩子对于能指的想象，可能与周围的人给予能指时想表达的意思不一样。因此，孩子就大人给的能指有了一个自己的理解，并由此创造出了自己的个体性言语，拉康称之为呀呀言语。比如，妈妈对孩子讲，“我是你的妈妈”，这孩子可能不会对“妈妈”进行很好的发音，他会发成“yaya”，妈妈说，不是“yaya”是“mama”，但是孩子还是说 yaya，他需要时间去体会他的呀呀言语与社会某种普遍言语的差别，然后掌握它。孩子的呀呀言语是一种记录孩子最初经历的言语，它不是为了交流，可能只有孩子一个人能体会。

大人给孩子符号，实际上是借这些符号（能指）给出了普遍意义上的对这个世界的认识和在这个世界上的生存规则。比如，妈妈跟孩子讲他叫什么名字，他就对自己有个认识，在这个过程当中，实际上父母已经把语言和规则给了孩子，通过能指给了孩子。我们是生活在对世界有一个完整的认识和规则之上的。而孩子来到这个世界之后，他在习得与想象这些能指时，不知道这个能指在整个系统结构当中所处的位置，他也不知道具体的一个话语到底具有什么样的规则性质。比如，妈妈跟孩子讲，“火是烫的，不能碰”，这个孩子就想：妈妈为什么不让我碰火，火在那里闪闪发光，很美，为什么妈妈不让我碰？所以孩子很可能将妈妈发出的这个符号理解为禁止他去接触一个他感兴趣的东西，而没有理解这是妈妈在保护他。

孩子会对能指有很多想象，在这种想象当中，自我得以构建，“我”是在想象当中形成的。来到这个世界之后，孩子需要完全重建自己的精神世界，他通过周围的人给他的能指来进行关于自己及世界的想象。从这个意义上来讲，他就开始给他实在的世界，给空的世界一个特殊的意义。完全意义上的缺失、空、实在，每个人都无法承受，因此要找个东西来填补它，这个东西就是能指（符号）。如果说能指符号是填补的内容，那么想象就是填补的方式。

我们在无意识那一讲里说，无意识差不多是个能指的仓库。我们现在可以做这样的理解：主体想表达自己，就是用能指符号，通过对能指符号的想象完成表达。符号、想象和实在，就这样在孩子这里运转了。主体构建“我”，也构建我所有的幻想。通过符号或者符号产生的一些想象，在实在之上构建我的全部，包括对自己身体的认识。人类的身体绝对不是纯粹生物性意义上的，它具有精神意义。比如，人对于死亡的感觉，对身体的消失、身体活力的消失的感觉，并不是与生俱来的，它是我们后天习得的。

精神结构的理解

实在、符号和想象造就了"我"，这对理解精神结构至关重要，比如对自闭症这种病理性的精神结构的理解。纯粹的自闭症患者是活在纯粹而简单的实在当中的，也就是说，他没有接受到人类的能指与文明；纯粹的自闭症就是母亲的绝对不在场，缺少那个给他能指的人。一个孩子出生之后，因为某些原因，妈妈也许存在，但是心思完全不在孩子身上，妈妈的精神世界是"背着"孩子的。她也许刚刚离婚，还带着这个孩子，当妈妈把孩子抱在怀里的时候，其实想的是离开她的那个男人，她对那个男人充满着恨，根本没有想到怀里还抱着孩子。这个时候妈妈感觉不到孩子，孩子也就感觉不到妈妈在场。妈妈虽然在喂奶，但是喂奶只是一个一般的哺乳动物都能做的行为，这个孩子接触不到携带情感的能指，遇不到符号能指，他就没办法制造他的想象，进而无法填补他的实在，他就处在空的环境里面，纯粹的实在里面。在外人看来，他很可能就慢慢地封闭了自己。所以，一个真正意义上患自闭症的孩子，实际上他是没有进入人类的空间，没有进入人类能指语言符号的空间里。

人类的符号与想象在实在当中的运转，会帮助我们创造，但也可能给我们带来创伤。比如，一个两岁的小孩，他开始可以在家里面自由地行动了。有一天，他站在一个小矮凳上，然后往下跳，跳下来的时候，他说“飞”，说不定手臂还扇动一下。这孩子是在想象“飞”的感觉。小凳子可能也就 20 厘米高，这不是能“飞”的高度，但是不妨碍孩子这样想象。这个时候，妈妈说：“宝宝，你会飞了！”宝宝就会说：“嗯，我会飞。”当然，妈妈知道孩子不过是离开板凳，跳到地面，不过 20 厘米高。如果妈妈这个时候支持孩子的想象，这孩子就很可能保持了一种飞翔的感觉，想象在这里被妈妈支撑着。那么，这孩子长大后希望成为一名飞行员，就不难理解了。如果没有飞的想象在先，就不可能想着去飞翔。话说回来，如果面对同样的场景，妈妈说：“你这傻孩子，这叫飞吗？

从这板凳上跳下来，万一你摔跤了呢！别跳了，给我坐好！”妈妈可能遇到了不顺心的事，把火气发到了孩子这儿。孩子心里想：“这咋回事？原来我从板凳上跳下来，不是飞，这是一个很糟糕的事情。”这个时候，从板凳上跳下来就附带了一种情感，这种情感就是妈妈的愤怒。孩子原来的想象没有被妈妈支持，孩子得到了一个新的想象：跳下来不是飞，是个糟糕的事。他可能就再也不会从板凳上跳下来，他会做一个很规矩的孩子。但是，那个“飞翔”的想象就被压抑下去了。

举这个例子有些极端，但是从中我们能看到人的可塑性是怎么来的，想象与符号的辩证关系如何决定着一个人成为发明家、正常人，还是有着病理性症状的人。想象与符号相连，想象是借着符号的想象，符号也会限制想象。能指符号本来有一个意义，如果想象离这个本来的意义越近，那么想象与符号就越重叠；而想象越是离开符号，就越显得不着边际，甚至就成了幻想。比如，钟情妄想患者的想象维度过于强大，他极力想冲破符号的束缚。创伤可以理解为有些能指承载太多负面情感，才需要压抑与阻抗。精神分析的工作就是把这个能指找出来，把它上面的负面情感清理一下，重新想象新的意义。

莫比乌斯带

拉康说：“没有这三个参考系（想象、符号和实在），不可能对弗洛伊德的技术和事情有一丁点儿理解。很多困难都可以证明：当我们（对这三个参考系）进行区分的时候，问题就变得清楚了。”弗洛伊德在构造精神结构的时候，先后给出了两个地形学的精神结构：意识与无意识，自我与本我。但是我们的精神结构并不是平面的，它是一个纽结，精神空间的各个区域之间是相互缠绕的。如果重新梳理弗洛伊德的工作，就要带着新的视角，用想象、实在和符号的视角，来理解弗洛伊德的精神分析，这是回到弗洛伊德，而且是一种创造性的回到。

为什么在弗洛伊德的维度上难以理解？因为想象、符号和实在这三者，两两是辩证的关系，是矛盾统一的关系。从想象出发会来到实在，从实在出发会回到想象；想象是使用符号的想象，而符号又与实在之间有着嵌套。因此，做一个结构明确、边界清楚的心理结构，像弗洛伊德的地形图那样，是不可能的。想象、实在和符号，它们两两都差不多是一个莫比乌斯带的关系：从莫比乌斯带的一面行走，不用翻越边界，就可以把它的所有面都经过了。

弗洛伊德其实在他的理论当中讲到了莫比乌斯带的这种感觉。《梦的解析》第七章讲到人的内在心理过程的时候，他说那是线形的，但是我们仔细观察就会发现，他的线形图在开始和结尾的地方，是可以连接在一起的。比如，身体接受一个刺激，这个刺激是落在身体外表上面的，然后它来到精神世界，在精神做了运作之后，又来到了身体的外表。所以，在这里，身体的外表把两头连接起来了。这是一个类似于莫比乌斯带的连接，因为你发现进来的刺激和离开的行动是不一样的，进来与离开的精神内容其实发生了性质上的变化。弗洛伊德也许有自己的时代局限，他没有拓扑结构的观点，否则他会表述得更清楚。所以拉康认为，精神分析的一些本质性的东西，实际上在弗洛伊德的理论当中已经有了，只是换一种说法让它更明显。

拉康曾经开过一个关于焦虑的讨论班，后来出版这个讨论班的内容时，封面就是一个莫比乌斯带。一

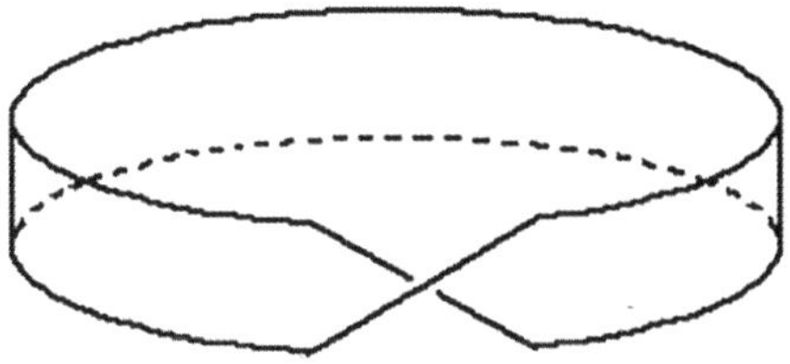

只蚂蚁沿着莫比乌斯带的平面爬行，它不用翻越边界，就可以经过莫比乌斯带的正反两面。人类出生就有原始焦虑，这种原始焦虑是实在的，焦虑就像通过莫比乌斯带一样，在我们身上，借助能指转变为一个可以想象的能被接受的情感。

想象和实在

拉康曾经介绍过一个很有意思的光学实验，他用这个光学实验讲了实在和想象的关系。这里引用这个实验的一个简单版的图式。

解释一下这幅图。柜子上有一个花瓶，里面装着鲜花。但是这装着鲜花的花瓶，不是真的，它是最右边曲面镜反射的虚像。从最左边看不见真正的花瓶，因为花瓶放在柜子里面，并且倒着粘在柜子的底部，

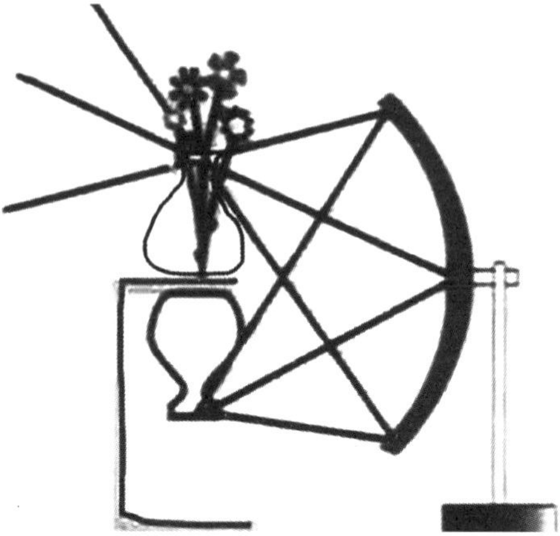

它的影子出现在最右边的曲面镜上。在最左边看的人只要调整好角度，就可以在曲面镜里看到这个花瓶的倒影（因为花瓶是倒着放的，所以在曲面镜里看到的花瓶就是正立的）。如果看的人和鲜花与花瓶的倒影是在一条直线上，就会发现花瓶把花给装在里面了，也就是说，花瓶和花合在一起了。这个实验让我们认识到：在实在的维度上，花和花瓶是分开的，但是在想象的维度上，因为光学的虚像，它们合在一起。

也就是说，在日常生活中，我们常常是把想象和实在混在一起，我们常将虚像或者说幻觉认为是真实的。刚才的光学实验说明，对于实在的想象是严密和复杂的，因此我们要理解有些人把幻觉看作真实，这不是一个简单和荒诞的事情，它有着复杂的成因。拉康认为人类的科学、人类的知识，在某种情况下，是对实在的想象，这一想象严密且复杂，就好像我们真的因此得到了真理一样。而实际上，科学是解决不了人的根本问题的，相反，科学只是因人的根本问题而对物理或自然的想象理解。这样的想象只会让人类更加异化。我们想象的维度越强，人类的异化就越厉害。因此，我们也能看到很多物理界、哲学界的思考者认为现代科技并没有让我们的痛苦消失，相反，在现代社会里人类的焦虑比往昔更多了。这应该与在现实当中我们更多地被想象异化有关。

想象和象征

在这里，我把“符号”换成了“象征”。“symbolique”翻译成“符号”，有时候也翻译成“象征”。没有一个中文词能很好地翻译“symbolique”，这两个中文词分别说到了“symbolique”的某些方面，所以我在文中交替地用这两个词。想象和象征之间也是一个辩证的关系，我们有时候对象征进行想象化，有时候将想象进行象征化。

先讲象征的想象化。其实我们刚才讲过，妈妈将一个能指符号，将一个象征物给孩子，这孩子就会对它有很多的想象。比如，妈妈给了孩子一把玩具手枪，那么孩子可能会想，这个手枪是攻击人的，也许妈妈想让我去攻击欺负她的人；但孩子也可能会想，妈妈希望我是一个能保护自己的人；又或者妈妈希望我跟枪一样有威力，等等。所以，这个时候孩子就对妈妈给的能指符号有了想象，给这个能指符号增加了象征意义（在这个意义上，符号应该翻译成象征）。

在现实生活中，很可能大人们给出能指的时候，孩子对能指没有太多的理解，还没有把这个能指很好地嵌入他的整个精神构建当中，因此他会对能指有很多想象，这些想象可能与能指原本的意义相吻合，也可能有很大的出入。我讲一个生活中发生的小故事来说明这一点。有一天，一个爸爸准备送他三岁的儿子去幼儿园，临走的时候爸爸跟妈妈商量："孩子要过生日了，我们是不是要提前准备一下？需要邀请他的小伙伴来家里玩吗？要买点什么东西吗？"妈妈说那等晚上好好商量，你先送孩子上幼儿园。于是爸爸和孩子就出了门。结果在车上孩子问爸爸：我过生日，要提“钱”准备，是提你的钱呢，还是提我的钱呢？因为他有一个储钱罐，他担心过生日会不会把他的储钱罐“提”空了。这里我们能看到孩子对“qián”这个能指的理解，实际上，这是孩子对这个词的想象。

再来谈谈想象的象征化。个体会对符号进行想象，如果想象出来的意思与这个符号本来具有的意思不同，但是这个想象的意思最后能确定下来，那么就是对这个想象的象征化了。很大程度上，创造就在这个维度上出现。在社会文化当中，我们经常看到这种现象，很多能指具有了一个新的意思，实际上就是想象的象征化的结果。比如说“云”，这个词本来与互联网没有关系，但是现在由于电子传输的进步，我们在互联网上经常远程储存与使用中央服务器的信息，就好像我们从远在天边的“云”里提取信息一样。于是“云”就成了互联网的一部分了。这就是文化中想象象征化的结果。在过去，可能没有人能想到“云”竟然会是一个信息科学的术语，二十年前的字典里绝对不会认为“云”有这层信息科学的意思，但是如果现在编一本字典，这个意思就不能忽略了。

孩子有很多想象，因为是借助符号的想象，所以他能将其中的一些想象固定在这些符号上面。因此这个符号就可能带有这个孩子很个人化的想象。这个想象的确定性会帮助他产生很多东西。如果这个孩子将来成为作家，他就有可能把自己的想象写下来，成为极具个人色彩的作品。如果这个孩子曾经对“飞”有很强烈的个人想象，他长大之后成为发明家，就可能设计飞行器。这就是创造。不过，问题总是有两面，如果固着在符号上的想象的内容是一些难以面对的想象，这个时候，想象的象征化就可能给这个孩子带来创伤，这个时候就要进行精神分析的工作，去清理上面的想象了，并且要发现符号本来的意思，或者重新进行象征的想象化，然后再固定某些想象，达到想象的象征化。

由此我们看到，人类文明以及个体的建构，就是象征的想象化和想象的象征化的相互运动。因此，拉康说“所有问题从今以后都是象征和想象……结合的问题”。如果说某个个体的符号性更多，也就是他对他者给定的能指意义接受得更多，我们说这个个体可能是一个更符合人类文明秩序的人，但也可能更保守，或者他对想象里的感觉压抑得更多，也就是一个更具有强迫倾向的人。如果说某个个体的想象性更多，也就是说他对他者给定的能指更有自己的理解，那么我们说这个个体可能是一个具有革新人类文明秩序的人，但也可能更激进，或者他过于去表现他在想象里的感觉，也就是一个用瘾症性方式表现自己的人。

符号和实在

符号与实在的关系，更多地涉及显现与存在。显现与存在通过言语为事物命名而存在，说出一个人的名和姓，就是让他存在，他说话、他听到、他被听到，他就存在。我们在前面几讲里谈到了孩子出生之后来到这个世界上，他需要和他的环境互动，是环境（父母）给了他一个能指，环境把一个能指放到他身上。比如，妈妈给这个孩子取了一个名字“毛毛”。这孩子听到“毛毛”，一开始不明白，但有一天他听懂了，“毛毛”是指代着一个人，这个人就是他。这个时候，他听到，然后他感觉到，那么他存在了，他在场了。

也就是说，是符号从实在里面提取一些东西，从一个我们不知道的无法言说的地方提取一些东西，让它显现并存在。拉康说“符号是在实在上打洞”。我们出生之后，处在一个一望无垠的实在冰面之下，这时符号就在冰面上打洞，不断地打洞，让我们开始有一些缺口，通过这些缺口，孩子开始来到人类世界。也就是说，人类是通过符号将他们的幼崽带到了人类世界。在一个人的实在上面打一些洞，让他跟我们人类世界有交往。

《庄子》里面有这样一个故事：有一天，一个徒弟问师父："人如何才能够长生不老，与天地同寿？"师父就让他去找一个叫"混沌"的人请教，因为混沌是与天地同寿的。然后徒弟就去拜访这个混沌，实际上却看到了一个肉球。徒弟跟肉球打招呼，肉球也不理睬他。然后徒弟就想，这个东西，它连嘴巴都没有，也没法和我打招呼呀。怎么办呢？徒弟就拿了一个凿子，在这肉球上凿了七个孔。凿了七个孔洞之后（之所以是七个孔，是因为人类的脑袋上是有七窍的）混沌就变活了，能与他交流了。徒弟高兴地回家后跟师父说，今天他帮了一个忙，给那个与天地同寿的"混沌"凿了七个孔，然后它就跟他交流了。师父听了大惊失色，说："糟糕，你把这个人弄死了！"然后徒弟再跑去看，果然发现混沌已经七窍流血，死掉了。当然这是一个寓言，我认为它的寓意就是我们在这里所说的：进入人类的世界，要有洞（窍），要有人类的面目。但是有了人类的七窍之后，也就有了生死。如果不想进入人类世界，就像一个自闭症的孩子一样，他很可能没有时间概念，没有人类世界的时间观念，他也没有生死（概念），不与外界交流。

人类在实在上打洞，这样才有交流，但是代价就是我们有死亡。“符号是在实在上打洞”，换成拉康的另一个观点就是：“实在环绕语言周围”。我们这里将语言理解成符号。实在环绕着语言，但是不能进入能指，被符号能指排除在外；但是实在与符号相互依存，没有实在，也就没有语言。这个观点可以很好地让我们体会实在在哪里：它并没有离我们太远，它就在我们能指的边上，不是它吞没能指，就是能指在它那里掘取。

其实可以将我们身边的现实理解成实在，除去其中的符号与想象。比如一对共同生活很多年的夫妻，一般来说应是互相已十分了解了。但是，我相信大家一定听到或者经历过类似的情境。有一天，因为某些事情，妻子对丈夫说：“一起生活了这么多年，我还是不理解你，不知道你是这样的人！”那么这个时候，妻子实际上面对的就是面前这个男人的实在，那个她不能用符号与想象编织的部分。

实在、符号和想象

实在-符号-想象，这三者是连在一起的，不能将其中任何一个单独来理解而不考虑其他两者，所以最好是用两个连字符，将这三个词连接起来。实在-符号-想象这一个概念组，拉康最开始讲的是想象-符号-实在，晚年才改成实在-符号-想象这样的顺序。这种变化代表拉康思想的转化。拉康后来认为，实在是人的精神结构中一个最基本的位置，它构成了想象与符号工作的背景，所以他将实在放在了这个概念组的首位。实在本身是空的，是无。拉康说实在是一个“物”的世界，但是实在里面有东西要出来，因为焦虑，这是一种最基本的情感，是人存在的基本的动力。需要想象来捕获从实在里面出来的“物”。但是想象是依赖主体获得的能指才能进行的。所以我们看到了符号的中介作用。如果想象离符号太远，想象就会离实在太近了，会近似于实在。正是个体获得的符号的境遇不同，造成了个体的不同。因此拉康说：“……在想象和实在的关系之中，在构建世界和构建世界的结果之中，一切都取决于主体的境况。而主体的境况（……）主要由其在符号世界中的位置决定，换句话说就是由在话语的世界之中（的位置决定）。”

比如，焦虑中的孩子接到一个毛绒玩具，把想象附加上去了，焦虑就会变成一种爱的感觉，一种毛茸茸舒服的感觉，这个时候，我们说这个孩子在此建构了一个温暖的符号。但是，焦虑中的孩子并不是都能收到一个毛绒玩具。如果他的妈妈根本就不爱他，不想照顾他，只是生硬地摆弄他，看孩子时总是一副冷漠的脸色，那么孩子的实在焦虑只能附着在一张冷脸上。接收到毛绒玩具这个符号的孩子，与接收到母亲冰冷面孔的孩子，他们对这个世界的构建肯定是不一样的。一个人对这个世界的理解，在于他一开始在想象中捕捉到的能指。

因此，我们看到一个很有意思的情况，精神分析主要是和来访者的想象（幻想）工作，但是这个工作在于寻找一个对孩子有影响的符号能指。这不矛盾，因为我们就是要弄清楚这个符号能指上面承载的想象是怎么样的。实在–符号–想象，这三者的关系，如果放在一句话里说就是，在离开实在的过程中，符号与想象结合的结果，构成一个个体的精神世界。这让我想到前面引用的方以智对圆∴的论述，上一点也许是实在——无对待，下两点是符号与想象——相对待。上一点“实贯”在下两点之中，颇有点像在说实在又是围绕着符号与想象的。

但是，个体的精神世界构成后并不是一成不变的，相反它一直处在变动当中，只是有的程度小一点，有的程度大一点。因为人类文明要不断地给个体施加符号，符号就像陨石一样不断地撞击个体，在个体的实在上面打洞，实在里面的“物”不停地奔涌出来，想象又要不停地用这些扔过来的符号对“物”进行编织。这是一个永不终止的过程，直到个体生命结束为止。

对“物”进行编织，就是创造了新的客体。新客体实际上是对旧客体的取代。比如，我们使用的苹果手机型号是10，用得尚好，但一旦用上就不满足了，苹果公司会生产出型号11、12、13……或者用其他的性能更好的电子产品来取代。因为旧的东西不能够负载我们的想象了，我们就要搞个新的东西出来。让一些旧的东西在符号里面被废除，让它在符号里面的意义都消失，也就是让一些旧的东西没有名字，没有能指。

我们之所以要把这些东西除掉，用新的客体取代旧的客体，实际上这是和攻击性连在一起的。拉康说：“……如果说人类世界中的客体林林总总、变幻莫测，具有独特性，那是因为这些客体处在除名的过程之中，这一过程与原初摧毁息息相关。”人类自出生之后，就有一个原初的摧毁力量，一个根本的攻击性。这一根本的攻击性，我们现在可以做这样的解释：人类文明，或者说他者（比如，你的妈妈）向你扔来人类的符号。这些符号攻击你，占据你，让你成为一个文明的人，但这本身就是对你的进攻，而且是最基本的进攻。这种攻击性是人类无法避免的，是人之所以成为（社会的）人所必需的。所以在临床工作中，来访者要表达攻击性，是因为它必然存在，无法避免。一旦被攻击，我们的身上就有东西被打掉（幸好被打掉，要不然我们就进入不了人类文明），这些被打掉的东西，就是我们的客体，它们在不断的攻击当中，不断从我们身上掉下，散落在我们周围，我们也就不断地追逐着它们，不断地更换着它们。但是对它们的追逐与舍弃，受到我们最开始接受与处理攻击的方式的极大影响，即我们受到对待客体小 a 方式的极大影响，下一讲我们就要具体讲到客体小 a。

总结一下，符号在拉康的理论当中指的是整个言语范畴。想象是一个典型的人类产物，对一个符号，人类总是有很多不同的想象。实在是精神动因（cause），这种动因在于实在里面有焦虑，这是一个基本的人类情感，或者说这是人类情感的基础。人来到世上，他是有缺陷的，精神世界是缺失的，要让这个空缺被填补，就产生了基本的焦虑。焦虑相当于一个一般等价物，就像是钱币一样，焦虑会利用这些符号在想象当中兑换成各种情感，从而形成我们每个个体可以有的样子。

法语词“cause”可译为“动因”，但是它还有一个意思是“说话”“说个不停”。拉康有时候把实在和物，也和世界本来的样子等同起来。正是实在或者物，引发我们喋喋不休地说话，这喋喋不休的话语（以及具有言语结构的所有人类行为），就是符号与想象凭借着个体的境遇进行的结合。这就是实在–符号–想象。

第八讲　自恋与生死

弗洛伊德的《论自恋》

弗洛伊德理论在发展过程中有过重大的转变。弗洛伊德的早期理论，也就是第一地形理论，在 1900 年左右就建构成功，在这之后，一些重要的人物加入了进来，比如阿德勒和荣格。但从 1910 年开始，有一些人离开了弗洛伊德，其中也包括阿德勒和荣格。这些人离开的原因，被认为是他们与弗洛伊德之间的私人恩怨，一些类似俄狄浦斯式的冲突与嫉妒，作为父亲的弗洛伊德不允许儿子超越他，这是有可能的。但是，也许还存在另一个非常重要的原因：当时阿德勒和荣格等人对弗洛伊德的理论提出了一些批评，弗洛伊德本人显然不太愿意修改自己的理论，正是这种理论上的分歧，造成了精神分析史上最早期的分裂。不过，在这些人离开之后，弗洛伊德还是对自己的理论有重新思考。所以，在1914年到1917年间，弗洛伊德写了一系列文章，试图为自己的理论辩护，这些文章后来以“精神分析的元心理学”为书名出版，其中有一篇文章就是《论自恋：一篇导论》。

1914年到1917年，弗洛伊德在为自己的理论辩护的过程中，实际上也发现了自己理论本身的一些问题，这让他不能按照计划将自己的系列元心理学文章完成，也就是说，《精神分析的元心理学》是个半成品，弗洛伊德原来想写的一些文章并没有完成，因为他发现这些理论之间存在着自相矛盾的地方，他没有办法自圆其说。这就促使他进一步思考原有的理论，并在1923年差不多成型了。1923年，弗洛伊德出版了重要著作《自我和本我》，在这本书里他明确提出了第二地形学理论。至此，弗洛伊德完成了理论上的重大转变。

1914年弗洛伊德的《论自恋：一篇导论》是这一重要思考过程的开始。我们在他的第二地形学理论当中看到的许多思想，在《论自恋》里面都已出现苗头，特别是一个重要的概念，“超我”。弗洛伊德在这篇文章中提到了“自我理想”这个概念，这一概念与自恋息息相关，后来弗洛伊德说，自我理想就是超我，虽然再后来他又把超我和自我理想分开，但是这已经说明早期的自我具有超我的功能。

在《论自恋》一文当中，弗洛伊德认为，婴儿出生之后处在一种自体性爱阶段，这个阶段，婴儿会通过抚摸自己的身体得到一种快感。这个时候，婴儿没有任何的客体，婴儿完全沉浸在自己的内心世界当中，在其中获得满足。这就叫自体性爱。弗洛伊德之后，有很多人质疑自体性爱阶段到底是否存在。这种质疑的声音越来越大，导致后来的许多精神分析家对自体性爱这一概念做了很多的修改。至少现在有这样一种看法：如果说自体性爱确实存在，那它更多也是被认作自恋的一种状态，而不是个体发展的一个阶段。

弗洛伊德认为，在自体性爱阶段之后，在婴儿爱恋其他客体之前，中间会经历原始自恋阶段。在原始自恋阶段，婴儿有两个爱恋对象。注意，弗洛伊德讨论原始自恋时，实际上是讲在这个阶段，婴儿有两个爱恋的客体，一个是婴儿本人，另外一个是婴儿的照顾者，通常是婴儿的妈妈。经过了这种原始自恋阶段，才是继发性自恋，在这个过程中有很多发展，继续爱自己，继续爱着妈妈。渐渐地，爱着妈妈的部分开始发生客体转移，开始爱着妈妈之外的很多人，比如，爱着自己的女朋友。爱着自己的部分可能继续爱着自己，也可能会爱着同自己一样的人。

通过对原始自恋的理解，弗洛伊德提出自恋是人类个体必经的一个阶段。这个阶段之后，个体就从原始自恋阶段转到继发性自恋，或者转到他恋阶段。因此弗洛伊德继续讲，在爱情中有两种模式，一种叫依恋型的恋爱，就是找到一个恋爱对象，我们对这一对象非常依恋，就类似于婴儿依恋妈妈，实际上这是原始自恋当中对妈妈的爱恋的继续；另外一种叫自恋型，就是我爱恋的对象很像我自己。

但是，弗洛伊德的自恋理论与他原先提出的力比多理论存在矛盾。弗洛伊德将力比多区分为自我力比多和客体力比多，当然他说生物体的自我保存是最根本的，所以自我（保存）力比多是最根本的，客体力比多是从自我力比多分化出去的。同时，对客体投入的力比多带着原始的性意味，和原始的性冲动联系在一起。按照弗洛伊德的说法，力比多的总量是不变的，那么在自我力比多和客体力比多之间，是如何变化的呢？他打了个比方，说这有点类似阿米巴原虫，这种虫子在保存自己的前提下，会伸出伪足探索外界，那么这个伪足就是客体力比多。如果在外界受到阻抗或者遇到危险，伪足就会收回来，就变成自我力比多。根据能量守恒，当客体力比多变多之后，自我力比多就少了，这个时候个体就在一种自恋或自尊降低的水平上。但是这个说法与观察到的现象并不相符，比如，当个体很热烈地爱着一个对象时，并不一定是这个个体的自恋水平降低，因为我们能看到处在热恋中的人也会非常自信非常得意，我们能感觉到这个个体的自尊感或自我的价值得到了很大的满足与提升。也就是说，当你投入了很多客体力比多给对方，你自己本身并不是一种非常糟糕的感觉，你的自恋程度并不是很低。弗洛伊德显然也注意到这种现象，但他解释说，因为对方给了你回应，如果对方不给你回应，你的自恋就会受挫。

于是问题又来了。我们先重复一下上面的讨论，当我们把客体力比多投注给别人的时候，我们是付出的，这个时候，我们的自恋程度是上升的状态；当我们把客体力比多给了别人，而别人不需要且不回应你，那么客体力比多才转向自我。可是这个时候我们会发现：正是客体力比多转投到个体自身，带来了自恋受损。但力比多投向你了，你的自我力比多增加了，你怎么还会自恋受损呢？

这里不打算将《论自恋》的内容全部展开，但是对自恋问题的思考是弗洛伊德理论转变的一个重要动因，这是毋庸置疑的。实际上，后世对《论自恋》一文还存在着一些争议，这些争议持续到现在。这也恰恰说明自恋一直是精神分析理论当中的焦点。

现在回到拉康。他在讨论弗洛伊德自恋理论的时候有一个结论：人在自恋阶段时是无法区分性冲动（客体力比多）和自我冲动（自我力比多）这两个基本倾向的。重申一下弗洛伊德的观点：我们有一个自恋阶段，在这个阶段婴儿爱着自己，同时也爱着原始客体，对原始客体（妈妈）的爱带着性冲动意味。那么按照弗洛伊德所说，拉康就问：婴儿对自己的爱有没有可能也带有性冲动？原始自恋阶段之所以得名，是因为在这个阶段婴儿难以区分两个爱恋对象，分不清哪个是自己哪个是妈妈。在这个阶段，婴儿会觉得自己是妈妈的一部分，妈妈也是一部分的婴儿自己。如果对妈妈的爱具有性冲动，那么对自己的爱为什么就没有一种精神分析意义上的性冲动呢？所以拉康认为，至少在原始自恋阶段，是无法辨别两个基本倾向的，也就是说，婴儿爱着自己的时候，也充满着性的意味。

我们回过头看一下自恋，这个术语的来源本身就表明了对“我”的爱恋是充满着性意味的。自恋术语源自希腊神话——纳西索斯（Narcissus）。纳西索斯在水面看到自己的倒影，然后他爱上了水面上的影像，这是带着强烈性爱的。纳西索斯想和这个影像融合，合二为一，他就投到水里面去了，结果溺水而亡。从这个意义上来讲，自我保存力比多本身也带有性冲动的成分，并不只是客体力比多才有这一成分。弗洛伊德原以为的个体的基本冲突（自我力比多和客体力比多之间的冲突）在解释自恋时碰到了麻烦，他确实需要重新构建一下他的理论了。我们现在知道，后来弗洛伊德将自我保存冲动与性冲动放在了一起，形成了生冲动，与之相对的是死冲动。生冲动与死冲动作为一对矛盾，成为精神分析的基本问题，这个问题我们在本讲后面再展开，这里继续讨论自恋。

客体小 a

关于自恋的理论困境，我们来看看拉康是如何从另一个维度重新展开理解的。拉康在这里引入了一个概念，客体 a。这个 a 是小写，在中文表述里，我们称这个概念为客体小 a。

客体小 a 是什么？拉康说客体小 a 是指从我们身上掉下来的客体。我们现在可以具体理解为：孩子出生之后，逐渐从孩子身上掉下来的那些客体。孩子出生时实际上是没有自己的精神世界的，精神世界是后天构建的。也就是说，孩子在出生之后，就开始构建自己的精神世界。在最开始时，婴儿和母亲处在一种共生状态，也就是弗洛伊德说的原始自恋阶段。温尼科特讲过，一个孩子是不存在的，指的就是孩子出生之后，他的精神世界附着在妈妈身上，是跟妈妈的精神世界粘连在一起的。也就是说，婴儿处在一种整个世界就是一个“一”的状态，这是种共生的状态。这种共生状态从婴儿的角度来理解就是：他是这个世界，这个世界就是他。当然这种感觉不会一直维持下去，因为在“一”的状态当中，妈妈会跟孩子互动，这种互动会带来一些变化。

举例来说明这种变化。比如，妈妈会给孩子喂奶，同时跟孩子说话。但是总会有时候妈妈喂奶不那么及时，并且最终总会有那么一天孩子要断奶。碰到这种情况的时候，妈妈就会对孩子说一些话，有意识地或无意识地。妈妈会说：宝宝，妈妈有事来晚了，今天给你喂奶晚了；宝宝你已经长大了，长牙了，你可以吃其他东西了，不需要再吃奶了。诸如此类。最终的结果就是，这个孩子断奶了。于是，乳房离开了孩子，不再是孩子的了。这样，原来的“一”的状态就变成了“二”。如此反复，最终孩子是孩子，世界是世界，孩子与妈妈的某些部分分离，最终与妈妈分离。因此，在这里我们可以说，是一些话语、一些符号敲打了孩子，这种击打让一些东西（比如乳房）从孩子那里掉了下来，然后在孩子身上就会留下一些洞——缺失。我们的身体是实在的，是符号在实在当中打洞，留下了有缺失的婴儿主体。我们之前在讲想象、符号和实在的时候，讲到过这些。

在妈妈跟孩子的互动过程当中，妈妈的这些话语会击打孩子，从而让孩子的“一”被打碎，孩子就慢慢地感受到他与妈妈、与环境分离，甚至感受到自己和妈妈之间的空间。

我们再回到上面的例子。乳房离开了孩子，不再是孩子的了。原来是“一”的状态的孩子，现在他“一”的状态就有了因乳房掉落带来的“洞”，也就是在他那里留有一些缺失。前面讲了从身体上掉下来的东西叫作客体小 a，乳房就是一个客体小 a。

但是，说乳房是一个客体小 a，其实不完全准确。因为乳房从孩子“一”的世界当中掉落，这孩子再没有这个乳房了，造成这个结果的是妈妈的话语。一个好的妈妈可能会给很多温情的语言。妈妈会说，宝宝虽然你不能吃奶了，但是妈妈还是爱你的，或者会跟孩子讲，你不能吃奶了，但是你可以吃人类的很多其他的食物，尝一尝果酱，尝一尝蜂蜜。因此，我们也可以说，话语在孩子那里打完洞之后，让一些东西掉落，但话语也可以填补这些洞，妈妈富有深情的话语就填补了它。但是，孩子会想象妈妈的话语，如果孩子之后看到妈妈的一些行为，感觉妈妈真的好像不爱他了，那么孩子就有一种不被爱的想象，或者孩子发现妈妈还是爱他的，虽然没让他吃奶，但是给他吃了其他的东西，并且没有远离他，那么孩子就有着被爱的想象。我们知道，每对母子的互动方式不尽相同，在他们之间的话语不尽相同，由此产生的想象也不尽相同。同样，孩子对失去乳房也有想象，随着年龄的增长，这个想象也会变得复杂："这乳房真的不再给我了吗？替代的这个东西跟乳房是什么关系？如果我想得到乳房，我应该怎么办？是不是奶嘴就是一个像乳房一样的东西？或者，是不是将来另外一个女人的乳房可以是妈妈乳房的替代而我是可以得到的？……"

所以我再次强调，是妈妈的话语造成了有些东西从我们身上掉落，也是话语填补了这个东西掉落之后的洞，并且进一步引起了我们的欲望，引起我们对掉落客体的想象和追寻。也就是说，在现实当中，没有一个客体可以是客体小 a。因为它是语言带来的，是想象当中的，不在现实当中。如果说现实当中有些客体好像是客体小 a，那是因为这个现实当中的客体（比如乳房）只是在那个时刻代表了客体小 a。所以上面那句话准确地说就是：乳房是客体小 a 的一个代表。

需要理解的是，在现实中，没有任何一个客体可以完全替代客体小 a。恋爱中的人会认为这个客体在自己的爱人身上，可是当两个人在一起的时候，会发现对方身上并没有自己认为的客体，自己所拥有的客体并非话语描述的那个样子，于是客体小 a 也就从对方身上溜走了。现实社会中，有的男生不断地追求女生，追求了一个又一个，就很好地说明了这样的真相：客体小a在你认为得到的时候就溜走了。

我们认为拥有了某个东西，但每当我们拥有它的时候，它就又跑了。客体小a里的a是一个字母，是一个代数。实际上它指的是语言里的东西。这个a的“数值”到底是多少，我们永远无法得知。现实当中某个东西那时可以替代它，未必这时也可以。但是普遍地说，每一个人类个体在早期发展过程中，还是有很多相似的情境，有很多相似的“掉落”客体。所以拉康说当年弗洛伊德发现了两个常见的客体小a的代表：乳房和粪便，因为它跟我们的口欲期与肛门期有关。后来拉康增加了两个：目光和声音。晚年时又增加了最后一个“无”。“无”的意思是说这个东西在现实当中是不存在的，同样，这个“无”也与我们出生时与环境合一的情境相对应，我们在本讲后面会再次提到。因此，拉康认为客体小a的代表主要有五个：乳房、粪便、目光、声音、无。

客体小a的代表，也许还可以再增加其他的东西，这是肯定的。但是，在现实生活当中，好像我们多数时候确实是在追逐这五个客体，特别是前面四个，当然，是以换喻或者隐喻的方式。比如，对金钱的追逐，也许是从粪便过来的；对乳房的追逐，可延伸为对一个长得丰满的女人的追求；对声音的追逐或者对目光的追逐，这在现实当中经常能看到，比如我们要求别人的关注，希望别人能看到我们，称赞我们，表扬我们。这些客体，这些目光，这些粪便，这些乳房，这些声音，它只是代表这个小 a，并不是这个小 a 本身，所以我们得到这些客体的时候，小 a 很可能又不在了。我们要理解这一点，正因为这样，我们不停地在追逐这个客体。因为这个客体在现实中没有，所以我们永远不会得到，永远在追逐。拉康又将这个客体小 a 定义为：引起欲望的客体。

拉康将丢失的但又引起欲望的客体命名为客体小 a, 有一部分原因就是取了"agalma"的首字母。拉康发明客体小 a 这个术语显然与他对"agalma"的兴趣有关。agalma 是古希腊的一种小物件，可以理解为一种小雕像或者衣服上的装饰物，但是，拉康认为这个词不能翻译。他在"移情"讨论班中说："显然 agalma 这个词不能被翻译，不论翻译成什么，翻译成装饰物、华丽的服饰，或是翻译成我们经常在文章中读到的神像，都不合适。""agalma"一词产生了古法语中的 gal（快乐）和 éclat（光彩），因此，拉康认为这个词表达了一个意义：不可抵抗的吸引力。拉康说："我们有理由相信，它耀眼、具有魅力……"

不过，拉康将丢失的但又引起欲望的客体命名为客体小 a，还应该有些其他原因。比如，a 是印欧语系字母表的首字母，这暗示着这个客体与话语有着莫大关系。拉康说过，他的精神分析当中的术语与理论，都沿用了弗洛伊德（当然做了发展），只有客体小 a 是他的发明。可见客体小 a 在拉康理论中的重要性。而拉康对精神分析理论最大的贡献本来就在于他将言语与语言置于精神分析实践的核心并保证这一做法的合理性，客体小 a 在命名上应该也体现了这一点。

顺便说一下，拉康如弗洛伊德，也倾向以简洁的方式传递精神分析思想，特别在晚年，这一倾向更加明显。于是拉康发明了一系列的简洁书写公式，将它们称为 mathème。这是拉康发明的一个新词，源自"数学"（mathématique），拉康想用数学般的简洁书写形式来记载精神分析的发现，从而进行精神分析的传递。当然，拉康的 mathème 发明也受到结构主义人类学家列维-斯特劳斯的影响，后者创造了一个词"mytheme"，用来指神话当中的基本结构要素

mytheme，即神话虽纷繁，但皆由此滥觞。此词的发音又与“我的主题”（ma thème）发音相同。综上所述，我们可以勉强将 mathème 翻译为：母题，意指辞说（discours）的基础与来源。客体小 a 在拉康的一系列母题公式当中都起着重要的作用。但是，需要强调的是，拉康认为 mathème 也是一种语言，是一种书写的语言。虽然不离开其书写形式，但是这种语言允许对自身进行“百种不同的解读”，也就是说，每一个 mathème 都会引起多样的话语或者辞说。这也说明，在拉康的理论当中，始终将言语与语言置于核心位置。

自恋是什么？

那么，这个客体小 a 和自恋有什么关系呢？拉康理解的自恋，首先是远离环境的爱，远离客体的爱。我们下面用一些篇幅来解释拉康的这个观点。

一个孩子如果是在“一”的状态，他认为他就是这个世界，这个世界就是他。后来跟母亲互动的时候，一些东西才远离了他，这些东西（和这些东西的继续延伸）就构成了环境。也就是说，不是他远离了环境，而是环境从他身上掉落、切分出去了，是环境远离了他，这个环境就是一个客体小a代表的总和。这些客体小a的代表物本来是和他一起处在一个共生的“一”的状态当中的，这些东西是他的。当一个东西离开这个“一”的共生状态的时候，它就变成一个客体。也就是说，客体是从我们身上离开的，从我们身上掉下来的。但是，原来的“一”的状态，我的自大圆满的状态，则是我们一直追寻的状态。虽然妈妈说你不能吃奶了，可是也许我们这辈子都在追求乳房，有些人直接一点，有些人也许道路曲折一点。同时，人们会在追求的过程中多多少少发生升华。但是，对原来圆满状态的追求从未停止。拉康认为这就是第一个层面的自恋。自恋就是追寻从我们身上掉下来的客体，这个维度的自恋就是对原始自恋的追寻。但显然，这不再是一个阶段，因为人的一生都想回到这个状态，都在追寻，所以这是贯穿人类个体一生的事情。

然而，在这个追寻的过程当中，有一个特别的现象，就是孩子会在环境当中发现一个“我”的影像。那么就来到了镜子阶段。在讲镜子阶段的时候，我们讲到过一个特别影像。我们在现实当中发现的所有东西的影像，都可以复制到镜子里。现在不妨把这个镜子看作我们的内在世界，也就是说，现实当中所有东西的影像都可以复制到内在世界。可是我们从镜子里面看到了一个影像、一个客体，这个客体很奇怪，在现实当中找不到对应物。为什么？因为那就是我自己，我可以看到自己的这个影像，但是看不到自己，必须通过中介才能看见自己，比如镜子。我们从对方、他人那里看到自己，就像从镜子里面看到自己。也就是说，这个“我”是客体离开个体之后剩下的部分，所以在客体世界找不到。那么，如果我们爱着镜中我，那就是自恋了，我们是爱着环境当中找不到实像的只有虚像的这个东西。这也就是纳西索斯神话的核心内容。“我”已经是很完美的、很理想的了，只有“我”值得爱。“我”要保持幻想，认为“我”没有掉落的东西才是最好的，或者努力维持着不让东西掉落（即使曾经有过掉落，今后也不能再有了）。

这么说来，个体的爱就离开客体，也就是离开我们的环境，来到了个体自身，只关注个体自身，只认为个体自身有着无限价值，任何对个体自身价值的菲薄都是错误的。这就是拉康所说的：自恋首先是远离环境的爱，远离客体的爱。但是，实际上这是第二层面的自恋，因为第一层的自恋是追求与环境合一的状态。与环境合一了，也就没有“我”了，在这个意义上，如果有一个客体小 a 的代表是“无”，意味着我们追求这种“一”的圆满状态，追求到极致也就成了自己消失。

再简要说一下，第一个层面上，我们爱着、追寻着从个体身上掉落的客体，我们想要得到它们，从而让自己圆满起来；但是，这些掉落是话语造成的掉落，所以我们在现实当中永远无法最终完成，尽管我们不辞辛劳，终此一生都在追寻。第二个层面上，我们不是爱着那些掉落的东西，而是爱着那些剩下的东西。这两个层面可以同时产生，也同时存在。也许有一个原始自恋过程，有一个继发性自恋过程，但这两个过程实际上纠结在一起，并不是说有了第二个过程之后，第一个过程就没有了。也许可以在逻辑上区分出时间的先后，比如第一时间我们爱着客体，第二时间我们爱着一个特别的客体，就是自己的影像。

在此我们还可以重新理解弗洛伊德讲的两种爱恋的模式，弗洛伊德说它们都从原始自恋发展而来，成为他恋的两种模式。所谓依恋型的模式，就是我们爱恋的对象身上有部分客体，某个我们在想象当中追寻的部分客体。爱恋的对象不可能完全让我们着迷，很可能只是迷恋对象身上的某个部分，然后才进一步发展，认为对象的全部让我们着迷，这是爱屋及乌。有人说话很好听，很让人着迷，于是我爱上这个人。有人的眼睛很大让人着迷，于是我爱上这个人。我们听过很多这样的故事。曾经有部电影叫《大辫子的诱惑》，里面的男主角对女主角的长辫子非常着迷。中国古代有女性缠足的习俗，因为有个皇帝喜欢小脚，上有所好，下必从焉。战国时楚灵王喜欢细腰的女人，于是有“楚王好细腰，宫中多饿死”的典故。这些都是爱部分客体，从而爱上这个承载部分客体的人的例子。所以，依恋型的他恋，只不过是对象身上有着被其追逐的部分客体；自恋型的他恋，是个体在一个人身上找到一些和自己很相像的东西，爱和自己有共同爱好的人。这种爱类似于对镜子里影像的爱，只是我们不可能在现实当中找到完全一样的人，只能找到部分自己的影像。这个时候，镜子里的（部分）影像走到了现实当中。拉康在《镜子阶段》里讲过一句话：“镜像看上去是可视世界的门槛。”可视的现实世界就是一面镜子，只是它没有真实的镜子那么平滑。

理想自我和自我理想

关于自恋，我们还要谈一对概念：理想自我和自我理想。弗洛伊德使用了这一对概念，但是他也常常弄混。对拉康来说，这个区分做得很清楚。简单地讲，就是理想自我的想象成分更多一点，更倾向于对原始自大感的追逐。理想自我的“我”始终在想象当中，想回到原来“一”的那个状态。理想自我的个体不太想离开原始自恋，他觉得整个世界都要按照他的意愿来运行。自我理想当中的符号成分更多一点。具有自我理想的个体，在与现实世界相处的过程当中，发现自己很多地方是无能的，他会发现自己做不到很多事情。这个时候，他更多的是开始学习，开始认同外界的人，比如，自己的父母，或者父母的替代——老师，或者认同一些英雄人物，从这些人那里学到一些东西，学他们的一些特质，然后内投到自己身上来，增强自己，从而让“我”强大。正因如此，这样的“我”会变得更适应现实，会做到原来自己做不到的事，虽然不管他多么努力，都不可能做到所有的事情。

当然，理想自我和自我理想里面都有想象部分和符号部分，但是所占比重非常不同。如果你总是在想象里面得到某物，如果你的理想自我膨胀起来了，显然在与世界相处时会变得更糟糕，因为外在世界里的其他个体也有自己的理想，他们也有他们的意愿，不会按照你的模式运行。具有自我理想成分多一点的个体，给人感觉好像更能和世界相处得融洽一点。要想与世界相处好，就要适应时空变换，物移景迁。

因此，我们这里会看到，如果远离原初的自大感，通过把冲动转移到外界，让冲动离开最开始的原始自恋状态，让冲动向外，认同从外在赋予的自我理想，那么，这个个体实际的能力就会增强很多，这个个体会变得更强大、更适应环境。虽然不管怎么努力，一个人都不可能是绝对意义上的强大，不可能回到原初自恋的自大状态，但是恰恰是向外做了一些努力，反而让个体向原初自恋状态靠近了一点。拉康对此有一句话："我的发展，我们每个人的发展，就在于远离原初的自恋，但是又拼命地努力，想重新得到（原来的状态）。"不管你怎么做，你实现你的自我理想，你做出了很多成就，你获得了成功，在某种情况下，我们多多少少都是为了获得原初的自恋，原初的那种以自己为"一"的状态。这样去做，没有什么捷径，更多地是以一种曲折的方式穿越人类文明，追逐理想，接近自己的原初状态。

自恋问题的讨论，让我们明白：在和世界交往的时候，一个基本的立足点就是自恋，它涉及我们的存在问题，涉及我们的身份问题。自恋是每个人都有的现象，它不仅是阶段的，更是结构性的。自恋问题不仅在所谓的自恋性人格障碍或者边缘性人格障碍中存在，它更是普遍地存在于所有人类个体那里。那些病理性人格障碍的人，恰是自恋问题没有处理好，看似他们对自身特别关注，而实际上，他们却对外在的话语特别敏感，不能适应，对外在照映着自己的影像之物特别敏感，缺乏应对。

生　死

生死本身是一个客观事实。我们有很多很明确的客观标准来判断它们。产房里有个孩子出生了，地点与时间明确，这是生的事实。我们也有很多方式来判断死亡，民间判断死亡的方式，是说一个人没气了，也就是说这个人死了；医学上把脑死亡作为死亡的确切标准，死的事实也很明确。

但是，人类很难说有真正的生死体验。首先，我们很难记得自己出生的情景，即使用摄影机把出生经过拍摄下来，等孩子长大之后给他看，孩子也是当一个陌生的情景来看的，好像这是在另一个人身上发生的事情。同样，尽管有很多人有过濒死的经历，但是真正的死亡就意味着完全失去意识，真正的死亡也是一个谜，没人能描述。生与死位于个体生命历程的两端，不确定性都极强，特别是死，对于拉康来说，几乎全是实在界的东西。

产生生死意识，对人类个体来说非常不容易。生死实际上是说：人不是全能的，人不是永生的。这种感觉明确地表明了生命的有限性，这与无意识的特征相矛盾，我们前面讲过，无意识不具有时间性。所以，从根本上讲，生死意识是无法返回到无意识当中的。无意识拒绝生死。这种根本性的矛盾，让弗洛伊德晚年将生死冲动辩证地看作人类精神世界里最基本的矛盾，它是人类所有矛盾的根源。它表现为，在意识里观念不会得到无意识的承认，意识里的观念无法返回到无意识里，意识与无意识之间，在内容上根本不相容。因为无法返回，所以才会无数次地返回，重复地返回。人的一生差不多就是这样度过的，所以说这是基本矛盾。

神话、宗教、文学或者民俗当中都有一些故事情节，表达着长生不老的愿望，实际上人们就是不愿意面对生死，特别想否认死亡。古代的皇帝会去寻求长生不老的药。在宗教神话故事里，人类会做善事，会修仙，最大的回报就是成仙，不死，活在人间尘世之外。其实，看那些神话我们会发现，天上的人，除了长生不老之外，他们也干不了什么。所有的神话故事差不多可以分为两大类，一是历尽人间劫难，然后得道成仙，成了神仙之后其实就没有什么故事好讲了。另一类是神仙当烦了，于是下凡，下凡之后历尽人间劫难。这说明其实还是在人间活着有意思，真的没有生死了，也就没有什么意思了。这些故事都是人类反复思考生死问题的表现。

其实只有明确了“生死”，才能说明个体是一个人。在拉康晚年的一次演讲中，他沉默了良久后讲了一句话：“有一件事情我是确定的，那就是我会死。”注意，他没讲人会死，他说他会死。因为有很多人不仅无意识中，而且意识中也觉得自己是不会死的。生死、意识和无意识间的基本矛盾，也就是人类精神结构里的基本矛盾。这一矛盾带来的焦虑，也是人类和人类个体的基本焦虑。我们的很多焦虑，比如，分离、阉割等，归根结底都是生死焦虑。由此，精神分析从某种意义上讲就是思考生死的。

自恋视角下的生死

我们回到自恋的视角来理解生死。弗洛伊德讲过一句话：Wo Es war，soll Ich werden。（它之曾在，吾必往焉。）我总是要去向它曾经在的那个地方，人皆如此。它曾经在的地方，不仅涉及地点，也涉及过去，“曾经”就是过去。这个“曾经”，归根结底，就是还没有形成“我”的时候，就是我们与世界为“一”的状态的时候。我们总是在追寻最开始的“一”的状态，不管是在理想自我当中去追寻，还是在自我理想当中去追寻，不管你是想象多一点，还是符号多一点，某种情况下，都是回到一种“一”的状态。矛盾的是，真正的“一”的状态是一种无我的状态，是一种“死亡”的状态，回到一种完全无意识状态，实际上是死亡。

如果一个孩子是绝对意义上的自闭症孩子，那么他自出生之后就从未进入过人类社会。我们可以推测，绝对自闭症的孩子从来就没有离开原来的“一”的状态。对这些孩子来讲，没有生的观念，也就没有死的观念。有一类精神病人也是如此，并没有“死”的观念。他们在碰到危险时，并不知道避开，觉得自己是一个全能的超人，他们视死如归，有一种不朽的感觉。还有一类精神病人是前面这一类精神病人的反面，他们非常担心自己失去点什么，哪怕失去一点点，他们都有死的感觉，他们要拼命保持自己的完整性，不让自己有任何的损失。不管是哪一类，都意味着语言（符号）拿他们没有办法，符号对他们没有切割，在他们身上没有掉下来什么，或者他们害怕自己的什么东西掉出来。

打个比方，在精神病人那里，客体是装在他们口袋里的东西，他们捂得很紧。要么是有了这些客体，他们就是全能的，是一种神的状态；要么是害怕别人来抢走这些客体，始终处在一种对别人的防御状态当中。在他们那里，想象和实在的融合程度很高，符号很难在他身上敲击出一个洞，他们坚持认为自己没有缺失，自己不必有缺失。钟情妄想症在钟情这个维度上是绝对自恋状态，他会觉得自己是完美的，绝对值得你来爱，你的每个举动每个眼神都是爱他的表达。被迫害妄想则处在另一边，你总是嫉妒他的完美，你总是在觊觎他口袋里的好东西，你的每个举动每个眼神都是在表达你对他的加害意图或者行为。

人类个体如果没有在人类的语言里面经历一番，如果他只是掠着人类语言的湖面，而没有进入其中，那么他就别想着人类的符号对自己造成太多的影响。这差不多是一种精神病的状态。所谓的正常人类个体，相对来说，都是穿越了人类的文明，穿越了人类的语言，想象和实在有部分的融合，但是另外一部分还是被符号给撞击了。正常的人类个体也在追寻一种“一”的状态，只是这种追寻是穿越了人类语言与社会的，他们经历了一个过程。比如，他愿意做一份事业，在事业里面去追寻他曾经丢失的客体，但是同时也能接受他的事业是有限度的；比如，他愿意追寻爱情，一个男人会将一个女人想象为他追寻的爱的客体，但是他跟这个女人在一起之后会发现，她和他的想象并非一模一样，而他也接受这一结果。正常人类在穿越人类文明的过程当中也有痛苦，但是这些痛苦都还能接受。痛苦的程度再严重一点，那就差不多是一个神经症的状态，神经症的痛苦虽然难以承受，但还是可以承受的，或者在别人（比如精神分析工作者）的帮助下能够承受。正常人类个体与神经症患者的区别只在痛苦的程度上，他们在内心结构上没有本质的区别。

自恋，如我们前面所说，如果理解成一个主体与早年从主体那儿掉下来的客体的关系，那么它确定了人之为人的一个基本维度。这个基本的维度就是，我如何在这个世界上和这些丢失的客体及其衍生物相处，我如何在世界上和自己相处。如果人类个体和客体相处，和自己相处出了问题，那就是自恋的问题。因此，自恋是一个关于存在的问题。“我是谁？”这个问题就是说：远离世界之后，什么留下来了？“如何存在于世？”这个问题就是说：我们如何和远离我的世界中的那些我们丢失的客体维持关系？因此，从某种意义上讲，所谓的正常的人，或者神经症状态的人，他的一生应该是充满着爱恨的一生，也就是说，我们差不多都是在这个过程当中和客体维持一种关系。在这种关系当中，我们有爱和恨。只有这样，生死才会变成一种历程，我们每个人都是用自己的一生来回应生死这一基本矛盾。

从生到死的历程是一条直线，但生死历程也是环形的，生是离开“一”的共生的状态，死又是回归“一”

的状态。民间有很多这样的话，我们来自尘土，然后回归尘土。佛教讲的轮回也是这个意思，它们两者实际上是头尾相接的。

生活就是一个向死的过程。自杀也属于这一过程，是主动地快速地实行从生到死的过程。只是，自杀意味着放弃穿过人类文明的丛林，直接到达死亡，这是一种直接的，类似于电线“短路”的状态。除此之外，生活的向死过程就是活着，然后让自然为生命敲响丧钟。

让自然为生命敲响丧钟就是让我们的生命载体（身体）自然死去。当一个人的生命处在上升阶段，比如从孩子出生到他 30 多岁之前，正常发展的情况下，他很难有一种死的感觉。至少这个阶段里的死的感觉，更多是和极端冲突连在一起，比如，车祸、暴力等突然的灾难。在这种死的感觉里，“突然”是它的特性。但是，当生命处在下降阶段，我们对死的感觉是不一样的，那时候，死亡是一种贴近自己身体的感觉。人到中年，当我们的身体机能开始衰退，我们似乎听到死亡的脚步已在远处响起了，也许还要一些时间才能到来，但是已经能感觉到了。在临床工作当中有一类来访者，他们有着中年危机，感觉自己的生命机能已经开始衰退了，但是这辈子自己想做的很多事情还没做，于是他们就想去实现曾经不能实现的被压抑的事情，这些事有时候是明确的，有时候是无意识的。这些中年人往往想做或者已经做着一些人生的重大改变，比如离婚、离职，重新找一个生活的方向。这中间如果出现很多的痛苦与犹豫，他们就需要进行精神分析。死亡焦虑会在中年人那里引起不小的扰动，这种扰动有时不亚于青春期。在精神分析临床当中，“中年危机”是一个非常值得注意的现象。

精神分析是象征（符号）性体验生死的实践

下面我们从精神分析临床工作本身来讨论生死问题。首先，精神分析的临床实践具有符号性。精神分析的实践就是让来访者象征性地体验生死的实践。精神分析的设置，也是为了这一体验而设置的。每次精神分析的会谈，都有一个开始，有一个结束，这就意味着里面有一个生和一个死。来到精神分析实践当中的来访者，是从他现实生活中跳出来的人。因为精神分析家不是他生活中的人，精神分析家在很大程度上是个陌生人。精神分析家并不在日常生活当中接触来访者。当然这也不是绝对的。比如来访者可能会听一些自己的分析家的课，可能会看一些分析家写的书，但是必须肯定，除了分析之外，两者没有私密的日常接触。特别是分析工作者的日常生活，不会有来访者的介入。来做分析对于来访者的生活是一次死亡，对于分析则是一个生的开始；当来访者离开时，对于分析是一次死亡，而对于他的生活是一次新生命的开始。

每一次分析都是一次生死，虽然有时候这些生死的感觉要事后很久才能体会到。真正的精神分析，就是体验生死。对来访者来说，这是一个脱胎换骨的经历。让旧的自己死去，让新的自己出生。就像哪吒一样脱胎换骨。哪吒的神话，在某种意义上就是这样，把原来的骨肉舍去，重新获得一具身体，以新的样子回到生活当中去，面对父母，面对人际关系，面对自己。

需要强调，精神分析实践当中的生死并不是身体的生死，而是象征性的生死。分析的开始与结束，并不是来访者身体的生命历程的结束，而是象征生死的分析历程的结束。在精神分析中谈论生死，是用话语来谈它。哪有精神分析里的会谈不触及生死的？谈论生死不可怕，我们要相信符号的价值。如果来访者在分析中谈了死亡，也就是说他花费时间与精力在话语里述说生死，在一个符号结构里讲述生死，那么他就可以象征性地经历生死，他在想象和实在的维度上就会更少地做蠢事。弗洛伊德说，没有出现在语言里，就会出现在失误里。这句话还可以延伸为，没有出现在语言里，就会出现在症状中，出现在自杀行为当中。所以来访者谈论死亡、谈自杀不可怕，可怕的是我们没有听见（或者是不想听见）他在符号里对生死的表达。如果分析工作者听到来访者话语里面的那些负载着他的情感的能指，即当这些情感被编织进语言且被接收到，即进入人与人之间的一个关系当中，那么这个死亡或者自杀的想法就被接收到了，就被对待了。如果说之前的自杀意图很强，那么表达之后，被接收之后，这个自杀的意念浓度至少会降低。

拉康讲，我坚持符号的概念，当我们在分析实践当中进行干预时，特别是我们进行积极干预即分析时，我们在理解自己的所作所为时，总是要从符号（象征）这一概念出发的。

精神分析的实践是和鲜活个体一起工作的实践。来访者是鲜活的人，有着肉身，肉身在生死两端之间，即有身体的个体要在生死两端之间“工作与爱”。弗洛伊德认为，一个相对健康的个体应该具有“工作与爱”这两方面的能力。精神分析的实践目的也可以说是这样的，我们可以认为精神分析是如何对待生死的伦理学思考与实践。

我们讲到这里时，别忘了在镜子阶段的最后，拉康讲，精神分析的目的是：你即如是。这不矛盾，一个人一旦知道自己是谁，他就应该知道怎么过这一生。分析是在最后看到你的样子：生的全能虽然已是破碎的废墟，但我们还是可以居于其中，生活到离开的时候。“我”是一个破碎的废墟，有很多缺陷，但是我们根据自己的周边环境调整自己，让自己变得稍好一点，修复我们破碎的废墟。虽然从根本意义上讲，它还是破碎的，但是足以让主体一直生活到离开的时候。有一天，当自然为你敲响丧钟时，当你的肉体、身体，不能承载你时，才到了离开的时候，也就是死去的时候，你的存在，你的自恋，也就不再有纠结了。

第九讲　欲望

主体与欲望

通过上一讲，我们在理解自恋的过程中已经知道，一个婴儿来到这个世界上，一开始和这个世界是融合的。慢慢地，他人及世界远离个体，主体形成，世界形成。相对于世界，“我”就形成了。拉康把“我”，用一个字母“S”来表示，但是，这个“S”实际上是划掉的，因为主体“我”本身是分裂的，它一方面代表了主体，另一方面代表了“我”，它是主体和“我”之间的结合。这种结合不可能是严丝合缝的，我们在镜子阶段时讲过这点。简单地讲，他人和世界远离主体之后，主体“我”就和客体小 a 纠缠一生。之所以纠缠，是因为欲望，客体小 a 是欲望的客体。

欲望可以用一个简单的定义来表达：你缺了什么东西，你就想拥有什么。比如，我缺一个手机，我就想有一个；我缺一栋房子，我就想挣钱去买一个。这些缺的东西都是客体小 a 的代表。因此，欲望就是当完整的世界从我们身上离开之后，我们想让这世界再回到我们身上，再回到那种共生的状态，融合的状态。我们也已经知道世界远离我们的原因是他者的话语，客体小 a 就是由他者的话语形成的想象客体。同样，我们在镜子阶段也提到，主体“我”也是参照话语形成的，这里也存在着想象。

我们一开始讲，主体和“我”之间的结合不可能严丝合缝，而在生活的绝大多数情况下，“我”和主体之间是有很多错误的。为什么呢？因为我们形成“我”的时候，实际上是面对着他人给的能指形成的，我们对他人的能指有很多想象。比如，当很小的孩子坐在沙发上，当他拿手去碰旁边的杯子时，妈妈会制止，孩子不明白妈妈为什么会制止，很可能是因为杯子里面是热水，会烫。但是孩子不清楚，他会认为也许杯子是一个可怕的小魔鬼，也许以后就不会去触碰杯子。但可能过了一天，妈妈又允许孩子去触碰杯子了，因为那个时候杯子里装的是温水，她想让孩子喝点温水。于是，孩子就不清楚了，为什么头一天妈妈不让碰杯子，第二天妈妈又让我碰杯子了。孩子会想为什么父母是这样的。久而久之，他会知道，当杯子有热水时不能碰，当杯子没有热水的时候就可以碰。当然，我这里只是将这个事件作为一个比喻来说，在生活当中，我们也经常看到，照料者很可能是反复无常的，她也许今天对孩子很好，第二天可能因为生活、工作中碰到了一些不好的事情而烦恼，对待孩子就变得不耐烦了。因此妈妈反复无常，孩子就不清楚这是怎么回事。如果妈妈反复无常地跟孩子互动，孩子遇到的麻烦就多一些。但不管怎么讲，“我”一开始对他者的能指有一些想象的时候，在想象里面肯定包含着错误，“我”的原初的形成就包含着无数的错误，从这个意义上来讲，“我”是想象的与主观的。

孩子在回应母亲发出的话语（能指）的时候，就像在镜子当中照见自己，是建立自恋的时候，也是确立“我”的时候。但是孩子是很难确认自己的欲望的。因为当别人（妈妈）给他一个话语（能指）时，他总是试着想象这个能指是什么意思，他应该怎么做才可以符合他人、他者、妈妈的意思。也就是说，孩子的表现是在回应母亲的欲望。

孩子精神世界的可塑性是非常强的。妈妈跟孩子有一个合适的互动，如果这个互动本身不是摧毁性的，那么这孩子很可能发展成相对来讲具有创造性的人，他的智力也可以得到最大开发。人的智力是为了整个身心发展的，如果单独去提高孩子的智力，实际上是不可能的，更有可能是摧毁性的。一个摧毁性的早期互动的模式，会让孩子的心理僵化和衰退。摧毁性的早期互动模式有很多例子，父母因为自己的生活中碰到很多事情，跟孩子待在一起的时候自己的心情与行为起伏不定，或者因为自己的意愿过大，完全没有考虑到孩子的接受程度，比如认为一个十二个月的孩子就应该会做算术题，知道 1+1=2。如果孩子不会算，妈妈就受不了，这时，父母的欲望压在孩子身上太多了，这就摧毁了孩子。

假设一个情景。妈妈上班很忙，而父亲没有工作，于是父亲在家带孩子。但是这个父亲并不乐意这么做，他的心思全在如何买轿车，出去逛世界。当他把孩子抱在怀里的时候，他脑海里想的都是如何搞到钱去买一辆汽车。当父亲在家里的时候，一有空就翻阅各种汽车的图片，查阅汽车的资料，当父亲抱着孩子走在街上的时候，眼里也只有来来回回的汽车。他忘记了他怀里还抱着孩子，这孩子想跟父亲互动，但是发现不可能。因为父亲对他没有兴趣。孩子就会觉得，原来父亲眼里只有汽车，做他儿子还不如做一辆汽车。结果就是，这孩子只想干一件事情：成为汽车。这是符合身边照顾者的欲望。

而实际上，我们就碰到过一个这样的自闭症孩子，他只想变成一辆汽车。他也只对汽车感兴趣，对汽车的商标（这是汽车差异的符号性标志）感兴趣。我们看他是一个孩子，他却认为自己是一辆汽车。这就体现了一种摧毁性的早期互动。

欲望是他者的欲望

拉康讲，欲望是他者的欲望。在生命之初，个体的欲望在与他人互动的过程中形成，他人扔过来的一些能指，我们对它有回应，在回应当中有我们的想象，我们想象着符合他者的欲望。其实这个观点很多哲学家也讲过，包括黑格尔，他认为我们的欲望要符合他人的欲望。

我们前面说过，我们的精神世界就是在接受能指的过程中形成的。所以，人类个体自小就是要接受他人给出的能指，也就是我们必须接受他者的欲望。幸好，那种摧毁性能指毕竟是少数，大多数人类个体都在多多少少合适的互动当中接受了他者的欲望，形成了自己。也可以说，恰恰就是在孩子与环境的互动当中，孩子的精神世界慢慢地被扎制成形。能指给出的压抑，让有欲望的孩子形成了精神世界。

我们在第六讲讲到压抑，本质上来讲，压抑来自语言。给予孩子语言（能指）本身就是给予压抑。压抑本身也显示了人类将人进行文明化的弹性。人类必然是想将人类的每个人（包括大人和小孩）都进行文明化的，这里有一些普遍规则。但是我们也发现，不同的父母对待自己的孩子，给孩子的规则和话语是不一样的。不同的个体如此，不同的人类的文明也是一样。比如，在汉族的环境下，小孩出生之后，传统上他不是单独睡在一张床上，他会跟父母一起睡，要长到很大孩子才单独睡。汉族关于孩子睡觉的规则就是这样建立的，久之成了习惯，成了传统的抚养方式。而在欧美社会则是另外一个做法，孩子常常一出生就睡在单独的床上。其实这没有好坏之分，不同的文化系统的内在结构都支持各自的做法。压抑本身也表现出人类的弹性，但是不管怎么样，人类个体都是有压抑的，这一点是肯定的。压抑主要是给孩子一些语言，这是根本性的。

正是因为压抑和语言在一起，那么欲望也就和压抑连在一起了。我们再次回到辩证法，黑格尔讲：哪里有压迫，哪里就有反抗。我们的欲望也可以说是对压抑的一个反动。

压抑机制在孩子身上到底是怎么运作的？幼儿感觉到，在他身上发生的事情是可以通过语言、符号表达出来的。孩子很早就发现，他跟家里的猫猫狗狗是不一样的，他发现大人在说话，孩子也尝试表达自己的感觉，这个时候就有一个东西开始在孩子身上发生作用，这就是符号（能指）。孩子会从他人给他的语言当中提取一部分，并用它构建自己的精神世界。对幼儿来说，把语言纳入自己的精神世界，并且尝试着说出来非常重要。这里肯定有孩子的想象与理解，拉康说，这时孩子的言语是“呀呀言语”，这是孩子自己的言语，别人未必听得懂。

比如，妈妈跟小孩在一起的时候跟孩子讲“喊妈妈”；孩子喊：“呀呀。”于是妈妈说：“不对，妈妈。”但孩子还是喊：“呀呀。”妈妈觉得好奇怪，这么清楚的话，孩子怎么就是没法模仿呢？为什么孩子非要喊呀呀呢？这甚至让人怀疑孩子的耳朵是不是有问题。对不起，孩子就是这么提取话语的。孩子就是这么听到的，然后他就这么表达出来了，他好像在讲另一种话。这种呀呀言语，实际上是孩子最开始的语言表达，这个语言非常个体化。但是，慢慢地，在和成人的进一步交往过程中，呀呀言语被修正了，所以，终于有那么一天，孩子把“妈妈”喊得很清楚、很正确，很符合某一社会语言（比如汉语或法语）的规范。这种修正其实就是一种压抑，一种管道化，而那些原先的“呀呀言语”，就会封闭在无意识的皱褶里，成为拉康所说的最基本的无意识的“能指的宝库”，但是它会给规范的符号表达，即那些社会语言，提供给养。说“呀呀言语”在无意识的皱褶里面，是说这个东西以后就很难被发现了，它躲藏在无意识里面，但总是悄悄地影响着我们，因为它是每个个体最初构建自己时形成的。

拉康的观点，“无意识是能指的宝库”在这里再次出现，这个宝库里的能指，是每个小孩自己的个人语言，非常个体化的语言。这个宝库当然是受成人社会化语言的影响，因此，如果说得更准确一些，无意识能指的宝库，实际上是他者语言效应的、他者能指效应的宝库。

在临床实践当中，来访者回忆的都是他者的话语、父母的话语，这些话语里蕴含着父母的欲望。但是这不代表来访者的欲望必须和父母一模一样。父母给出欲望是借助话语（能指），可是孩子对话语的反应，会偏离父母的欲望。一位父亲希望孩子长大之后成为足球运动员，因此父亲在孩子很小的时候就买了足球，一直跟孩子讲一些足球和足球明星的故事。可是，孩子长大之后没有足球的梦想，甚至对足球不感兴趣。这里就能看到孩子对父母欲望的偏离。这个偏离有可能会很极端，比如孩子会发现，爸爸买个足球回来，每天在他面前踢，踢得很远。这让孩子觉得是不是父亲希望他将来能走得很远，和那些足球明星一样，远离家乡，去遥远的城市成长与生活？所以长大之后，他成了一个远离父母家庭的人，他是在这个意义上回应了父母的欲望。

再比如，父母很节约，把钱省下来让孩子过很好的生活。但是孩子对此的反应可能是：愿意跟父母一样节约，而不是让自己过好的生活。于是孩子继续积累财富，再给下一代人。当然也可能是：孩子成了一个花钱无度且好逸恶劳的人，因为他可能将父母的期待仅仅理解为挥霍无度，而不用工作。

由此，我们看到孩子的欲望和父母的欲望存在着一个辩证的关系，这是因为能指。成也能指，败也能指。很多时候这种辩证的关系是好的，因此我们人类有很多正向的发展，甚至有很多创造。但有时候这种关系也很糟糕，对于父母的欲望，我们有很多的让步，特别是当父母的欲望过于强大的时候，孩子就被淹没了，这时候孩子很可能就处于一种僵化、衰退当中，我们也就看到了很多孩子有精神痛苦与障碍。这些孩子实际上无法与父母的欲望保持一定的距离，无法相对合适地回应他们的欲望。

大他者、父亲的法则、石祖与父姓

幸好有了符号，让我们能做一些很好的事情，但也是因为符号，我们要为成长付出代价，不过合适的代价是值得的。拉康强调人类处在符号世界的重要性。如果人类不是处在符号世界，就没有办法形成这么丰富的精神世界，也形成不了人类社会，形成不了人类的文明。有一次讨论班上，拉康说："上帝呀（老天爷呀），幸好我们处在符号世界。""上帝呀"，这是西方人的口头禅，相当于中国人常说的"老天呀，老天爷呀"。但是现实世界里，上帝本来不存在，是语言创造出来的，并且我们说的"规则"，又是以上帝的名义确立的，在西方文明里，人类社会基本规则都是"上帝"给的，不管是《旧约》还是《新约》。所以，"上帝"本身作为一个符号，就是符号世界里最重要的东西。

我们讲过，孩子与妈妈的互动中，有个东西是被引入的，那就是语言。但是，我们还知道一个事实：语言是先于妈妈存在的，妈妈通过语言给孩子一些规则，那些基本规则也是先于妈妈存在的。换一种说法，让世界远离孩子从而形成孩子这个个体的也是语言，是语言在其中做了切割。很多事情不是孩子能决定的，也不是妈妈能决定的。语言，它操纵着一切，妈妈、爸爸以及后来的其他人，这些他者传递的语言是事先存在的。先我们而存在的语言，才是一个真正的他者，我们不妨叫它大他者（Autre）。

首先，大他者指父亲的规则。不管它在现实当中是被谁代表着，被敬仰的生父或继父，工作当中的分析家，还是巨大的权力或者上帝。有时它指主体的文化，每个主体所处的文化圈的基本规则。它也指主体的无意识，我们前面说到，无意识的欲望实际上就是他者的欲望，小他者的欲望。从根本上讲，小他者的欲望由大他者的欲望决定。这些小他者其实都是规则的执行人或者担保者。就像我们在家庭里一样，传统上讲，代表规则的是父亲，所以我们讲大他者就是父亲的规则。关于这一点，中文当中关于“父”的材料可以为我们佐证，甲骨文的“父”就是一个手举着一根象征权力的短杖。《说文解字》说：父，矩也，家长率教者。矩就是规矩、规则的意思。

其次，所有的规则都是通过能指传递的。所以父亲的规则实际上是一个语法规则。所谓世界的秩序，就是语言的秩序。所谓人类的行为，实际上是带着人类语言法则的行为。

第三，大他者是石祖。拉康讲，父亲的法则是父亲表现出自己是一个“石祖”的掌握者。在拉康的精神分析当中，经常讲“石祖”这个词。石祖，它并不是生物学意义上的父亲的特征或者男性特征，它并不是男性的生殖器。它更多是指父亲在面对母亲时的权力，这是一个权力符号。法语写作 Phallus。为什么把这个词翻译成“石祖”呢？因为拉康发现它与古希腊传统有关系。古希腊人会用石头雕刻出阴茎勃起的样子，这实际上是一种对男性权力的崇拜，这样的雕塑被称为“石祖”。我要强调一下，这只是一个勃起阴茎的雕塑，这只是阴茎的一个状态，甚至只是阴茎的偶然状态，阴茎的平常状态并不是勃起的。相反，如果一个男人的阴茎始终是勃起的，那么这个人肯定很糟糕。所以，一个勃起的阴茎的雕塑，并不真的是男人的阴茎，它是一个象征，一个符号。在中国其实也存在这种雕塑。这个符号表明男人、父亲拥有无上的权力。

弗洛伊德就讲过，孩子会发现妈妈始终要去父亲那里，那么孩子就认为父亲那里有一个东西是他没有的，而这个东西具有权力，因为它可以调动妈妈，会吸引妈妈。拉康将这个东西归结为石祖，因此他说，石祖代表着母亲的欲望。在日常生活中，我们也常听到妈妈给孩子立规矩时，是以父亲的权力来进行的：你要乖点，你再不乖，我就跟你父亲讲，你父亲就会来揍你了。所以，这孩子就想象父亲那里有个东西，具有很大的权力，能制定规则。于是石祖就成了大他者的代表了。

实际上，这种石祖的代表在文化里面有很多。比如权杖，皇帝登基的时候就有一根权杖，表明他拥有权力。皇帝的武器，比如剑都是不开刃的，后来甚至变成玉的。玉很脆，根本没法打仗，完全是象征性或者说符号性的，因为皇帝不需要亲自杀人，他的武器只是表明他有权力，他的权力通过符号表现出来。当然，石祖作为象征性符号，孩子会对它有很多想象。符号与想象的关系，我们前面也讲了。所以作为符号的“石祖”具体怎么影响孩子，在孩子那里起什么作用，每个孩子还是有差别的。但是，我们可以确定地说，孩子正是借助这个符号，才能对实在有所想象，多多少少将自己“符号化”为一个具有社会规则的人。

拉康后来讲的父姓也是石祖，也就是说，拉康直接用父亲的姓来指代规则，连一个象征性的实体形象都不用了，父姓直接展现出父亲的法则。当然，父姓是超越现实中的有具体形象的父亲本人，超越了其他一些符号法则并成为基本法则的。

父姓是个符号性的法则。在中国古代，中国人讲究同姓不婚，这是乱伦禁忌的法则体现。同姓不婚实际上是以父姓为标准的，指姓氏相同的人不能通婚，哪怕相同姓氏的两个人在五百年前都不是一家人也不行。也就是说，这俩人没有近亲血缘关系也不能通婚，因为人类的乱伦禁忌本身并不和生物学相符合，它是符号性、文化性的法规，这是文化秩序与法则。如果这个法则是自然性法则，比如，林黛玉和贾宝玉，他们的血缘是很亲近的，他们不应该通婚。但是在古代他们可以结婚，为什么？因为一个姓林，一个姓贾，他们“姓氏”不同，就可以通婚，不违背同姓不婚的原则。文化世界的规则是文化给定的，它并不对应自然法则，象征法则是文化法则。

父姓确立之后，人类秩序形成。弗洛伊德在《图腾与禁忌》当中表达了同样的观点。我们将图腾理解为“父姓”就可以了，图腾确立了对乱伦禁忌的压抑，也就是父姓对乱伦禁忌进行着压抑。压抑在根本上是符号的压抑。压抑是不可能取消的，人类如果想成为人类的样子，就必须要有压抑，这是语言建构我们的结果，我们必须被语言穿越，被语言敲击。语言这个大他者还有一些名字，就是父亲的规则、父姓、石祖等。

俄狄浦斯的落幕

按照弗洛伊德的说法，在五六岁之后，孩子的俄狄浦斯情结就消退了。当时弗洛伊德用“落幕”（Untergang）一词讲这种消退，这个词用得很优美。落幕，有点像夕阳西下，太阳沉到海里去了。但是，沉到海里面的东西并不会消失，它会在海面之下运作。弗洛伊德用俄狄浦斯情结落幕讲一个现象：孩子对父亲规则的接受，接受这一规则后，他的欲望就开始整合、内投。在俄狄浦斯期之前，孩子身上的各种欲望都是碎片状的、部分的。在俄狄浦斯期，孩子围绕着性的欲望开始整合自己，把欲望内投给自己，形成自己的欲望。当然这个过程不是一个简单的过程，是形成超我的过程。这个过程没有很好地进行，也很可能会有很多麻烦出现，人类个体发展后期的麻烦大多数和整合性的欲望有关。拉康讲：“……在动物身上，（精神）机构的建构是与生俱来的……在人身上，完全不同。通过分析的经验，我们能看到基础冲动（欲望）的混乱。他的部分行为，与客体的关系，与力比多对象的关系，都受制于偶然。整合失败了。”

人类个体的整合受制于偶然，没有绝对的成功，所以整合总归要以失败告终。因此，人类个体要带着某种神经症生活下去。在人类形成、构建自己的过程当中，在和客体达成关系的过程当中，很多时候是偶然的，人最琢磨不定之处也在这个地方，人类有很多创造的可能也在这个地方。对人类个体来讲，整合欲望的内在过程都是孤单的。每个真的穿越俄狄浦斯期的小孩，在他身后，都有一个漫长的充满了血泪的历史。这个过程是没有人能替代的，就算你有最好的父母。这跟富有和贫穷也没有关系，因为我们每个灵魂，都要这么孤独地去对待这些事情。但相对来讲，人类个体的大多数都能很好地通过这一时期，那个落到海面以下的东西，对我们的扰动没有那么大，所以，我们大多数都是普遍神经症。但对有些人来讲，那个落到海面之下的东西，会一直炙烤着海水，他们的麻烦与痛苦会相对多一点。

精神障碍与享乐

这些麻烦就是病理性的神经症。人类的精神障碍有两大类，这不是精神病学的分类，而是精神分析学的分类。一类来源于享乐过多，导致了罪恶过度的精神障碍。在给予规则的过程当中，规则偏弱了，个体充分地享受他的欲望。欲望的充分享受会带来一个违反规则的感觉，这会加重他的罪恶感。第二类是道德过度导致了享乐缺失的精神障碍，对这些人来讲，他对规则执行得非常严格，这样的人类个体对自己约束性非常强，但这个时候享乐就缺失了，而人生有时就是要有享乐。对每个人类个体来讲，我们就是要做到在享乐和规则之间，获得一种合适的平衡，找到一个适合自己的位置。

第一类享乐过度的人也许是坏人，第二类道德感很强，也许是好人。但好和坏一样可以造成精神障碍，精神分析在任何情况下都不是一个道德判断。我们不能对一个人的欲望做出判断，不能说他的欲望过多，也不能讲他的欲望过少。欲望过多，在升华之后，他的欲望可以帮他做一些伟大的事业；道德感过度，这个人是一个很好的人，可是往往好人只会要求什么东西都规规矩矩的，这也会丧失创造性和生活的乐趣。好的和坏的都可以造成精神障碍，好人和坏人都可能出现精神问题。精神分析不是一个道德学科，精神分析是处理精神痛苦与障碍，分析的实践是为了知道真相，不管真相是好的还是坏的。

精神障碍与享乐关系很大，因此，享乐（jouissance）这一概念就要得到强调。享乐是拉康很重要的一个概念，在拉康这里享乐是无意识的享乐，满足无意识的欲望谓之享乐。无意识的欲望是在生命很早的时候就开始形成，形成于“呀呀言语”之时。欲望的根藏在无意识的皱褶里，精神分析有时候将无知、无意识和无意识欲望等同起来，之所以欲望那么强烈，冲突那么强烈，是因为我们不知道无意识欲望是什么，它是压抑的。如果一个人困在精神世界发展的某一个阶段，是因为他不完全甚至完全不了解自己的欲望，但他总在不自知的情况下享受着自己的无意识欲望。在分析的实践当中，分析工作者让主体参与到对真相的追寻，也就是对他无意识欲望的追寻。

享乐主要是满足无意识的欲望，但是无意识欲望是被禁止的，要满足就意味着违反规则，充分的满足就意味着压抑的完全解除，个体要面对无序的状态。所以，个体只可能部分地或者替代地满足无意识欲望。这样的满足，如果分寸拿捏得好，那么就在意识里被我们体会为“快乐”。由此，我们看到“享乐”并不是快乐，甚至“享乐”与“快乐”有着根本的对立，因为获得“快乐”的机制是限制“享乐”。

法语“jouissance”（享乐）在发音上接近“jouir sens”，其中“sens”的基本意思是“感官、感觉”，但“sens”也引申为“意义、意思”。所以“jouir sens”这个词组有两重意思，翻译成中文可以是“玩味感官感觉”，也可以是“玩味（语言的）意思”。拉康据此解释了享乐（jouissance）是具有很强的身体感觉的享乐，而人体的身体感觉与人类的语言有着密切的关联。人类个体对于身体感官的享乐都必须有限度。适当地满足欲望应该是一种意识中能体会到的快乐，而满足感官欲望超过了一定的限度就是痛苦的、危险的，甚至会带来死亡。现代社会当中，在许多成瘾行为（比如毒品成瘾、网络成瘾）里，我们都能看到由于感官享受失去限度而来的麻烦。拉康说享乐是痛苦的，就是从这个角度来说的。

分析工作中的同情

精神分析是寻找我们不知道的欲望的一个捷径。很可能这条路并不像想象当中那么便捷，但已经没有比它更近的路了。在移情当中，无意识上演，或者在分析的设置下，主体所说的其实是想象的误解。在分析当中，分析家跟来访者有互动，即使分析家一言不发也存在互动，因为正是沉默的倾听，允许了来访者对真相的寻找。

来访者讲了很多东西，分析家好像就是无动于衷。于是来访者就会想，我这么痛苦，为什么他无动于衷，他难道不是个人吗？难道我讲的东西有问题吗？正是分析工作者的沉默带来了这些问题，这些问题就有可能让来访者反观自己讲的话语，从而发现一些事先不知道的东西。

恰当的时候，分析家也会给来访者一些干预，让他明白，那里可能真的存在着一个误解。以下案例仅作为临床分析的参考。曾经有个女来访者，三十多岁了，但是无法和男人有亲密关系，无法结婚生子。因为她有创伤，在她小的时候，曾经多次遭遇隔壁邻居的猥亵。她在临床会谈当中，讲了很多被猥亵的经历，讲得很痛苦。有一次她说："那天，我的妈妈又让我去隔壁叔叔家借点醋，我不想去，可是我没有办法，不得不去。"这时候分析家突然打断她说："真的没有办法？"她愣了一下，沉默了一会儿说："当然，如果我真的不想去，实际上也是可以不去的，只要我跟我的妈妈说我不想去叔叔家，我相信她多少能明白一点。”实际上，这个猥亵的经历后来之所以终止，恰恰就是因为被妈妈发现了。当然，实际发生的行为虽然情况复杂，但从法律意义上讲，猥亵就是一件犯法的事。

我们在分析当中还会有这样的时刻，一个语误突然就从嘴边溜出来，它实际上表达了一个无法明确表达的无知，这就是一个还不知道的欲望，一种真实。比如一个来访者说：“昨天我跟我媳妇讲，不对，我跟我妈讲……”那时，这个来访者就触碰了某个东西：他也许有那么一瞬混淆了媳妇和妈妈。他曾经对他妈妈有些欲望（这并不奇怪，比如俄狄浦斯时期就是如此），他已经放在无意识里了，但是现在通过“媳妇”重现出来了。

人们，甚至一些精神分析工作者本人，常常指责精神分析家面对来访者时缺少同情和支持。但是，弗洛伊德讲过，有时我们对待来访者就是要冷酷无情一点。拉康显然同意弗洛伊德的这个理解。为什么分析家应对来访者避免表达同情与支持呢？很简单，因为压抑比面对欲望更容易，如果你同情你的来访者，就是帮他进行压抑而不是面对。一个女来访者说二十年前她被猥亵过。我们支持小孩把猥亵她的人给抓起来吗？我们无限地同情这个小女孩吗？无限的同情可能只是满足了分析工作者的欲望。来访者已经是个大人了，她是一个三十多岁的成熟女人。如果我们同情她，实际上就是永远把来访者放在一个受害者的位置上，我们并没有帮助她面对她的欲望。她曾被猥亵，她受到了伤害，被大人诱骗了，是的，这是事实。可是这里面可能也包含着她的欲望，她对性也有好奇，也许小女孩也有一个乱伦的冲动。同情她、安慰她，这些更多的是她身边的亲友要做的事情，把那个诱骗她的大人抓起来更多的是警察的事情。曾经被猥亵的经历是糟糕的，但是她不能一直是受害者，也不代表性经历是她不能再拥有的，要知道现在她早已经成年了，是可以拥有性欲望的，也是可以正常表达性欲望的。精神分析家要和她一起工作来面对往事对她的影响，要让她面对她的欲望，面对真实的欲望。

来访者想象作为他者代表的分析家有回应欲望的方法。来访者指责分析家为什么不支持他。实际上，拉康说分析家只是一个假设知道的主体。我们不要以为我们真的知道来访者的问题以及解决问题的方式。

但是这个假设知道，能让来访者对分析工作者进行述说。那么，如果真的支持来访者，那就支持他打开话语，不带偏见地倾听那个事情的真相、那个欲望的真相。工作的结果就是，来访者在自己的话语里知道了自己，也找到了离开原来位置的方式。

一些支持性疗法的错误在于，相信来访者在同情的好意之下是可以痊愈的。但在临床中我们发现，同情来访者没有好的效果。我举个例子：在一次车祸当中，一个少年的父母去世了，妹妹全身瘫痪躺在医院里面。这个少年当然很可怜，他的分析家说你现在父母都不在了，你把我当作你的父亲吧，我会像你的父母一样给你帮助、指导。这样做一开始好像效果不错，但是少年后来还是离开了这个分析家。因为任何一个父亲都希望自己的儿子是一个好人，而实际上，这个少年很恨他的妹妹。现在他的妹妹已经全身瘫痪躺在医院里，这种恨本来就难以表达，加之这个分析家现在成为他的父亲，那么他的感情更复杂了。这个少年心里有一句话："对不起，我不是你想象的那么好的人。"这个世界上的孩子都不会对自己的父母完全表达自己的内心世界。精神分析是为了真相而存在的，那个时候面对心里的恶，只有让他把这个话表达出来，才会有好起来的可能。如果分析家是他的父母，他就不能够表达愤怒的感觉，情况只会更糟糕。想治愈人的欲望本身是一种神经症的欲望。如果说要有支持，那分析工作者就是要支持来访者将其话语说出来，将其欲望呈现出来。

有些分析注定是失败的。悖论的是，这种失败是能带来分析效果的。来访者的话很可能极具攻击性，极具摧毁性，有时候，分析工作者也不愿意让来访者把这种感觉放在自己身上，所以分析工作者要努力演一个好人，尽管来访者想让你演反派角色。精神分析工作者有时候要能被来访者当作一个恶人，让来访者把想象世界的鬼影放在他这里，这样来访者就可以在现实中相对过好自己的生活。这多少有点像“我不入地狱谁入地狱”的感觉。

精神分析是为了打开一个空间，一个展现主体真实的空间，一个移情的空间，无意识上演的空间。精神分析家不是为了治愈病人的症状，他是关照整个人。一个精神分析家的欲望，不是治愈病人，而是倾听，是听到目前为止人们都不知道的东西，听到无意识欲望。有时候只需倾听就足够了，有时候还要做点什么，比如，把来访者的语误告诉他，或者通过我们的反移情把一些感觉传递给来访者。

移情实际上是人与人之间的一个纯粹的关系，如果说有治愈的话，那正是困难的话语在这种人与人的关系当中得以表达，来访者自己治愈了自己。精神分析家不能因为自己的所知而自命不凡，尤其要注意在对待来访者的时候，我们并不知道来访者的问题在哪里。但是，我们知道一点：他的问题他自己知道，只是他以为他不知道，我们的工作就是让他知道自己话语里的东西。

精神分析家不是主人，只是一个助手，只是一名服务员，来陪伴来访者寻找他要寻找的东西。有一位拉康派分析家叫吉布尔（Michel Guibal），他前几年去世了。他在世的时候，有一次跟我讨论说："中国人是怎么翻译Psychanalyste（精神分析家）的？"我说："中国人翻译成精神分析家，但是精神分析家好像给人一种专家大咖的感觉，好像有主人的感觉。"他同意我的说法，但是我们也找不到更好的翻译，翻译成"精神分析师"，也不是很好，"师"有很强的指导意味。我还告诉他有时候翻译成"精神分析工作者"，我个人更愿意用这个翻译，但是原来的两个翻译似乎已经流行起来了，所以我经常是将这三种翻译混合使用。结果吉布尔说："可不可以翻译成精神分析服务员？"吉布尔为了能更好地和中国同行交流，学习了中文。我问他怎么理解这个译名，他说："就像你去餐馆吃饭，叫来服务员点菜，点完菜之后，服务员把菜端上桌子，实际上是你这个顾客把菜吃完，服务员只是把现场维持好就可以了。当你不知道怎么办的时候，服务员会来帮你。比如，你不知道怎么开酒，服务员帮你开一下；如果你第一次吃火锅，不知道佐料怎么加，怎么把菜放锅里，服务员会帮你加一下，建议你怎么吃。但是，最关键的是，有一件事是服务员肯定不能做的：你点了一桌子菜，然后服务员坐在桌边，把菜给吃了。"如果服务员这么做了，他就是顾客了。我们且不管将 Psychanalyste 翻译成精神分析服务员是否真的更好，但是很确定的是，吉布尔的解释让我们对精神分析工作者的功能，对在工作中如何支持来访者，有了一个形象化的理解。

精神分析就是欲望的伦理学

谈到欲望，实际上这里涉及的是精神分析家的伦理，涉及精神分析家在分析过程当中到底应该做些什么和怎么做的问题。

精神分析实际上就是欲望的伦理学。精神分析不是教育，把精神分析看作教育的错误在于相信病人不知道其精神障碍的源头；而在无意识中，病人是知道的。临床当中，来访者问我们要一些方法，要一些教育建议，如果分析工作者将自己看作权威，看作主人，那么分析工作者就愿意给出方法与建议。但这是错误的，因为我们这里也没有关于他的问题的具体方法与建议。来访者要解释自己的精神障碍就要找到源头，但来访者认为自己不知道精神障碍的源头。我们前面讨论过，在无意识当中他是知道的，只是他不知道自己知道，这是一种无意识的知道，正是这种不知道的知道推动着来访者述说。拉康派分析家纪尧马（Patrick Guyomard）说，我们在工作中做的是一个倾听的提议（对分析工作者），一个说话的提议（对来访者），“一个让主体面对他或她的语言之实在的提议”[1]。精神分析工作者要守住这个工作提议与位

---

1 Patrick Guyomard, L'Autre scène, in *Les Lettres de la SPF*, no 39, 2018, p.13.

置，让来访者在他自己那里发现他的真相。

我们不能把精神分析简化为一种知识，它也不是哲学。如果把精神分析简化成知识或哲学，就丧失了精神分析本质的东西。精神分析是一种实践，这种实践就是如何摆放我们的欲望。每个来访者都不一样，我们需要和每个来访者在工作室里面一起工作，倾听他们并让他们发现自己。精神分析应该让来访者了解自己的无意识欲望。精神分析家从根本上讲不应该给出支持或反对，分析家更应该做的是建议来访者在自己的天平上权衡支持或反对，让来访者触及自己的欲望，审慎地做出自己的选择。

每个人的天平是不一样的，每个人的环境是不一样的，分析家不需要建议或者要求来访者做一个高尚的人。作为一个公民，我们当然希望所有的人都是高尚的人。但是，弗洛伊德说："并非所有的神经症都可以进行大量高度的升华，他们中的许多人，如果他本来就有升华自己的诸种冲动的天赋，那么，可以设想他们其实根本就不会生病了。"[1]也就是说，如果

---

1 Freud, *Recommendations to Physicians Practicing Psycho-analysis* (1912), SE XII.

一个人能做高尚的人，那他就做了；如果他没有做，那也是他没有办法升华自己的冲动。

有一对父母，小孩出生之后就离婚了，妈妈把孩子留给了爸爸，爸爸独自把孩子养育长大。孩子快七岁的时候，偶然有一天查血型，爸爸发现这孩子不是自己亲生的。这个爸爸就很生气，想找前妻讨要说法，前妻不理他，他就威胁说要把孩子从楼上扔下去，并且他真的作势要扔，孩子吓得紧紧地抓着这个要把他扔下去的人，这个人曾经是他的爸爸，现在爸爸已经变得很陌生了。当然最后警察来了，事情得到了解决，爸爸在某种程度上得到了补偿。孩子当然也没有被扔下去，而是去了一个警察提出的用来协调的场所。试问，这样的小孩会对人类文明有好感吗？如果他以后长大成人，变成一个反社会的人，我们能理解为什么会这样。如果这个孩子来做精神分析，也许我们和孩子会回到他最开始的时候，让他用语言来权衡自己，我们会和他一起在一个最基础的层面上，重新构建一个人与人的关系。能不能成为高尚的人，不是我们在此种情况下要考虑的问题，我们首先是想让他成为一个能够在社会上生活下去的人，对人类的事情不那么反感。一个人不可能完全知道自己的无意识欲望，但是和这个孩子工作，能让他更多地了解自己的欲望，然后他会选择一个合适的活法。

完全了解自己的无意识是不可能的。但是我们可以构建无意识，至少可以影响我们的无意识的运作。来访者的言说，可以让无意识欲望被重新构建，即使不是全部，至少也可以是部分地重构。

精神分析的实践也可以表达为：来访者在现在讲述过去，在现在记录历史。这就具有了构建的意义，构建并不是说完全改变我们过去的经历。但是，一个故事前面的情节具有什么意义，只有在结束的时候才会完全显现，只要我们把言语进行下去，我们就会对前面的故事情节有一个新的理解。

拉康讲，我们要对自己的无意识负责，无意识不为我们所知，但是我们要对它负责。不知道不是借口，我们的言说可以帮助我们理顺无意识。拉康还讲“不要向欲望退缩”，面对欲望时，我们不要退缩，要面对它。面对欲望并不是要顺着欲望为所欲为，而是要多少知道无意识欲望是什么。精神分析的目标因此也可以说成是：要知道自己的欲望，从而享受自己的欲望，同时也对自己的欲望负责。在这个意义上，精神分析就是欲望的伦理学。

第十讲　爱恨

谈论爱与恨，要先讲焦虑。弗洛伊德当年写《精神分析引论》的时候，在交代完所有的精神构造理论及精神病理学之后，选了两个对临床非常重要的主题来讲，其中一个就是自恋，这个主题，我们在第八讲进行了回应；另外一个就是焦虑，拉康也专门开过研讨班讨论焦虑。

弗洛伊德虽然不做儿童精神分析，但是他提出一个很重要的观点，他认为我们可以把焦虑看作一般情感等价物。我们所有的情感，当得不到表达并进行压抑的时候，我们都可以把它兑换成焦虑；压抑后又想表达时，我们又可以把焦虑兑换成各种情感。也就是说，焦虑相当于货币。弗洛伊德认为，婴儿出生时产生了一种无助感，这种无助感是一种原始焦虑。后来有个重要的儿童精神分析家温尼科特，他提出一个词叫原始的恐慌（agony），描述每个小孩来到这个星球之后最开始的一种感觉，这个词可以对应弗洛伊德说的无助感。温尼科特没有用“anxiety”（焦虑），而是用了agony来描述这种感觉，表明最开始的原始焦虑与我们后来的焦虑是不一样的，后来的焦虑在某种程度上能被我们感觉到，而最开始的焦虑是一种没法感觉没法言说的莫名的焦虑。孩子降生到地球之后，原来和母亲共融的那种完全被包裹的状态就没有了，对孩子来讲就有一个巨大的缺失、巨大的空。

我们前面讲符号撞击孩子，在孩子身上打洞，出现空缺，原来的东西被撞掉了，话语留在那里，成为填补。但是，孩子出生本身就是一个巨大的空缺，因此，我们这里可以进一步说，孩子是呼唤着符号的到来的，因为空缺是先在的。孩子在面对这巨大的空缺时，他的感觉就是一种原始的恐慌，原始的焦虑。如何安抚这种焦虑，就成了孩子来到人世间的第一要务。

弗洛伊德写过一篇文章题为《陌生的焦虑》，他当时用的德文题目叫Unheimlich。弗洛伊德在文章中考察了Unheimlich这个词的词源。Unheimlich是Heimlich的反义词，Heimlich是“熟悉”的意思。但是在考察 Heimlich 的词义时，弗洛伊德发现，它与它的反义词有同义的地方。弗洛伊德认为：“‘Heimlich’一词的词义朝向了两个方向发展，（在其中一个方向上）直到最终‘Heimlich’与它的反义词‘Unheimlich’变成了一个意思。‘Unheimlich’不论怎样都是‘Heimlich’的一种。”也就是说，Unheimlich 这个词有“熟悉”的意思，而不熟悉的、陌生的焦虑，我们曾经也非常熟悉。应该是我们最开始就经历了它，但是后来这个经历变得陌生了。所以弗洛伊德讲的这个熟悉又陌生的焦虑，就是原始的焦虑在我们日后生活中若隐若现的表现。拉康对弗洛伊德的这篇文章很看重，在某种情况下，我们在弗洛伊德的这篇文章中能看到后来被拉康尤其强调的思想。也许我们可以说，从这篇文章当中能够看出弗洛伊德是一个先拉康的拉康派。

我们现在知道，婴儿来到人世间有一种最原始的恐慌与焦虑。它是莫名的，没有人能面对它，所以就要找点情感来兑换（或者说替代）这个焦虑，因此我们所有的情感都与这个原始焦虑有关；另一方面，如果有什么情感继续不下去了，我们可以从这个情感中撤出来，把情感换回焦虑。所以，焦虑是一般情感等价物。

那么，我们要找一些什么情感来兑换焦虑，从而让我们过得舒服一点呢？最开始是妈妈的温情，然后是家里温暖的感觉，再后来是其他的一些情感，人类社会的情感。因此，焦虑实际上是一种最基本的情感，我们会在某种情况下在人类群体中找某个情感来兑换、替代或者填补这种原始的恐慌、原始的空。在这个基础上，一个孩子就发展出了其他的情感。

我们发展的其他情感有两个基本方向：爱和恨。正向的情感是爱，负向的情感是恨。但是，不管这种原始的恐慌发展成什么样的爱或恨，我们都没办法回到一种和母亲共融的状态。因为没办法找到一种人类的情感可以一劳永逸地和这种原始的恐慌进行互换，所以我们实际上是不停地用情感与焦虑进行互换。爱恨与焦虑的相互兑换，纠缠我们的一生，穿越了文化，穿越了一个文化群体中的每个个体的一生。如果我们没有穿越这个文化，也许会是一个自闭症的状态，自闭症的精神空间没有向人类文化开放。假设有一个绝对意义上的自闭症的小孩，因某些原因没有这种原始恐惧，他虽然出生了，但是还是处在和母亲共融的状态中，或者在精神意义上讲，他其实没有出生。

还有一种对付这种原始恐惧的方式，但却是一种短路的形式：立刻得到满足。短路就意味着毁灭，所以这是一种自杀的方式。自杀的人说到底就是不想继续在人类的世界里面穿行了，他不愿意在人类世界找一些情感来填补这个原始的空缺，选择了直接回到一种共融的状态，这种共融状态是一种死亡的状态。死亡在某种情况下也是回到原点的状态。关于死亡的话题，我们已经讲过，这里不多说。

大部分人类个体采用的方式是穿越人类的文化，在其中获得情感来经历这种焦虑，将这种焦虑来回兑换成人类的爱恨情感，然后经历一生。

在精神分析的意义上，我们能看到焦虑是与生俱来的，是人所必需的，说到底是出生时带来的一种基本情感，无法描述，不能言说。而我们能描述与言说的爱恨情仇，已经是从其发展而来的。所以我们也可以说：爱恨就是焦虑的一个主要表现形式，我们能体会的情感以爱恨为代表。

情感与理智

在谈到爱恨代表情感时，首先要区分情感和理智。在日常生活中，情感与理智是对立的。但是拉康讲：我请求我们中的每一个人，在你们自己对真相的寻找中彻底地放弃使用一种对立，即情感和理智的对立。

因为人是情感的，这是最基本的，而理智在某种情况下是对情感的压抑和回避，理智是想象中的利己主义。我们发展理智或者说智力，是为了让自己过得好一些，更好地应付我们的内外世界，我们在镜子阶段那一讲对此略有提及。理智原本应该是与整个身心发展相一致的。但在现实生活中，理智往往被过度化。现代社会是崇尚科学的，所以理智过度化也是被推崇的，现如今家长们不停地强迫孩子去学习，就是这种推崇的真实表现。这种强迫让我们看到了很多悲剧。因为智力的发展原来是应该让个体过得更好一些，所以不能隔离于整个身心的发展，否则就算成功地拔高了智力，也不会有好的结果。智力的很多技巧性的方面也许可以通过单独学习获得，但是智力的根基不是靠强迫学习获得的。

弗洛伊德在《梦的解析》中讲到人类的无意识精

神机制时，提到合理化。合理化其实是理智给出的一种对生活的假装的理解，是一种对情感压抑的伪装。我们在临床工作当中经常碰到这种情况。当一个来访者对他精神世界里面的某一些东西、某一些情感有回避，他无法面对这些情感时，他会回避看到他的情感，他会对工作有阻抗，会以各种各样的理由合理化他的言行，以此来说明他的行为是合适的。比如，他会找借口请假——今天下雨我不能来；他会为他的口误辩解：我只不过是不小心；他会为他的梦找理由——梦见面包只是因为我晚上没吃饭。临床工作者都知道，来访者有时候的理由是非常合理的，合理到无法反驳，可是精神分析的临床将清楚地揭示：这个来访者实际上是拒绝认识自己的情感，这时候是理智起了至关重要的干扰作用。即使精神分析不是反智的，我们也明白理智不能在工作当中帮助我们了解自己。拉康建议，不要把情感和理智对立起来，我们应该让理智为我们的整个身心发展服务。

爱 情

爱情是正面的情感的典型表现。在精神分析意义上理解爱情，会认为爱情更多是想象当中的自恋情感，爱情的状态更多是一种倒错的和非正常的状态。这种爱情很常见的形式是，一个人爱另一个人，是希望得到一个结果，即另一个人也会爱这个人。也就是说，爱是为了被爱。拉康认为，这种爱情实际上是一种对他人的捕捉，是把他人捕捉到自己身上作为自己的客体的尝试。

要理解这个观点，我们还要回到自恋的维度，我们讲过，最原始的自恋是一个人对从自己身上离开的东西的一种情感。一个孩子来到这个世界上，原始的恐惧得到消除的第一步，是跟母亲的互动，最原始的爱情发生了。母亲的温情兑换了一些原始的恐惧，母亲的乳房填补了原始的空缺，以至于孩子认为母亲的乳房就是他的。但是，母亲的乳房终究要离开他。他断奶了，发现乳房不再是他的了，原始的爱情不在了，但是他这一辈子都要追逐乳房，追逐这份原始的爱情。一个男人追求一个女人，很可能就是把她作为乳房，作为自己当年失去的客体重新捕捉。当然在文化的浸淫之下，这种追逐会显得不那么赤裸裸，显得与环境相协调，如果有波折，也是经历人类社会规则，成就伟大爱情故事。但归根结底，爱情就是这种尝试。

很多爱情中，人们互相爱对方，只是爱对方的某一部分，又因这部分客体进而爱这个人。但主要是爱着对方的部分客体，这个部分客体使对方着迷，因为对方认为这个客体是在生命最开始的时候离开他的，因此想把这个客体捕捉过来，作为自己的一个部分。当然这是一种幻想，被爱的欲望，实际上就是粘住、制服他人、将他人纳入自己的幻想，因此，恋爱实际上是一种非正常的状态。爱情是一种可怕的要求，是拉着别人，拉着自己所谓的爱人，让这个人跟着自己，来改变他、颠覆他。如果完全接受了这种爱情，就等于是把自己撕碎，完全融入另外一个人，回到一种共融状态。

拉康还提到另一种爱，这种爱是一种无私的爱、无私的奉献。很多教士、修女对别人的爱就是这样的，可能佛教徒对别人的爱也是这样的。这是纯粹的利他主义，这种爱给人的感觉是，好像他是什么都不想得到，只是无私奉献，他完全不需要被爱。刚才提到我们爱别人是有一个前提的，那就是希望别人也爱我们，有相互的感觉。但是教士、修女的这种无私的爱是不希望得到任何回报的。拉康对这种爱情也有讨论，他说这种爱的主动给予，面向他人，不涉及被爱的特征，但是涉及存在。这是一种全能自恋的状态。这种爱是把去爱人的人放在了上帝的位置上，这种无私的爱是对人类情感的完全屏蔽，爱人的人处在人类的对立面即上帝的位置上。可是拉康在以“继续（1972—1973）”为名的讨论班上说，这种纯粹无私的爱，也离不开人类的基本情感。拉康在这个讨论班里提到，他参观罗马的维多利亚圣母堂（Santa Maria della Vittoria）时，看到贝尼尼晚年创作的惊世骇俗的雕塑《圣特蕾莎的陶醉》时，他发现这位修女对上帝的爱带有明显的享乐。特蕾莎是16世纪的一名修女，她少年患病，常常出现幻觉见到上帝与她沟通。她在自传中记录下各种神启画面，其中最有名的就是贝尼尼用雕塑刻画的这一幕。在这个讨论班中，拉康结合对圣特蕾莎修女的讨论，花费了很多篇幅讨论女性享乐。女性享乐的主题也是拉康思想的一个很重要方面，因篇幅问题，我们在这里就不展开讨论了。

对客体的追逐是为了追寻最开始的缺失，因为我们缺失了客体，所以希望和客体重新融合，这样我们就能达到一种和世界融合的状态，一种共融状态，一种全能的感觉。如果想做一个无私地去爱的人，这本身也是一种全能的感觉。对拉康来讲，这两个意思差不多相同，都是为了达到一种最开始融合的、全能的状态。爱情就是为了达到圆满全能。

神经症-爱情

爱情是神经症。我们可以从爱情的角度来理解神经症。一个人来找精神分析家，他并不知道自己是神经症，即使他看过精神科医生，或者看了一些书而给自己定义为某种神经症，那也不过是一种对自己状态的形容，是按某个外在角度对自己的评判。他对这个神经症的真正面貌并不理解。从拉康的角度来说，他其实是因为他的爱情而来，他的爱情出了一些问题。神经症和爱情一样，都是从一个巨大的情感出发的。也就是说，一个人来找精神分析家，一定是他情感出了问题。人是情感的存在，情感并不只是我们的一个属性，情感就是我们。

爱情是从巨大的情感出发的，神经症也是这样，是我们关于情感的想象出了问题，神经症-爱情也是想象的，是从婴儿自恋的超验性幻想出发的。我们追逐一个客体的时候，在某种情况下是为了满足婴儿的自恋，神经症与爱情都和全能感的丧失与填补有着紧密联系。这个孩子，他有全能感；他长大了，他是一个谈恋爱的成年人，但他追求的还是那个全能感。他在孩提时对父母是有所要求的，长大后对他人也有所要求，这个要求是为了自己的全能，在他的想象当中，全能才有真正的快乐。

就算他的要求是很谦卑的，也是为了得到融合的全能的状态。我们在现实生活中发现，有些人比如一个男孩子爱另一个人的时候，甚至会乞求别人，卑躬屈膝地，好像太没有骨气。这个男孩子不是很痛苦吗？并不是这样，他也是为了自己的快乐，他以他的形式，想获得一种和整个世界融合的状态。在恋爱当中，人会希望获得对方，在想象当中只要跟对方在一起，就获得了整个世界，所以这是为了和世界融合。神经症的爱情，它的起源就是这样。

可是我们没有办法避免这一点。孩子需要父母的爱，这是人类不能改变的，没有爱就没法生存。不要忘记，只有被父母爱着，才能将无法控制、不能容忍的原始焦虑兑换掉一些，让自己不被这种焦虑摧毁，这是生冲动的需要。

因此，爱情或神经症，它的模板是什么？实际上在生命之初，在和父母特别是和妈妈的互动过程中，已经形成了这种感觉。这个感觉是兑换的最初汇率，不管这个感觉后来怎么发展，怎么变迁，怎么变异，怎么升华，它最开始的模板，或最开始的原型，就是和妈妈的关系。因此所谓的神经症，我们要回到最开始的关系——自恋，我们也要回到最开始的关系——爱。每个个体的原初焦虑与妈妈的爱兑换的汇率都是不一样的。上面提到的那些似乎没有骨气的男生，他们在最初的爱当中，和母亲的爱兑换的汇率可能就已经是很不公平的了。

关于神经症-爱情，拉康讲，爱情就是把我们没有的东西给不想要的人。在此，我们发现了错位。我们自己身上丢失的客体是我们没有的，我们在对方身上发现了这个客体。一个男孩喜欢一个女孩的眼睛及眼睛衍生出来的很多东西，比如她的审美；一个女孩喜欢一个男孩的声音及声音发展出来的很多东西，比如他的歌声；一个人会喜欢另一个人制作出来的东西及制作的结果，比如他的金钱。总之，张某在李某身上发现了这个东西，张某欣赏这个东西，他赋予这个东西价值，他把这个价值固定在李某身上，然后张某拥有李某，从而拥有这个客体，于是他们就完美了，就圆满了。可是，这个地方会有一个误解。张某喜欢李某的某个东西，李某可能根本不在意这个东西，就算在意，李某可能也会发生变化。更悲剧的是，李某甚至根本不想要这个东西，想去之而后快。这就是爱情上的错位。

比如一个女生并不喜欢苦苦追求她的男生，为了让男生打消追求她的念头，她可能会问那个男生：告诉我，你喜欢我什么？我改还不行吗！讲的就是这个情况。可是人间爱情最多的悲欢离合故事应该还是：张某和李某，他们在人生的某个阶段，都可能在对方那里发现了自己想要的东西，然后他们在一起了，他们实际上都是为对方维持着这个东西（部分客体）。但是在人生的另一个阶段，他们双方或其中一方，不想要这个对方想要的东西了，或者没有维持住这个对方想要的东西。于是他们就分开了，或者维持着名存实亡的爱情。

爱 恨

恨也是一样的，有一个恨的想象维度；摧毁他人是主体间关系结构的极点，拉康如是说。如果说爱是为了结合，为了融合，那么恨就是为了摧毁他人，摧毁主体性关系。恨和爱常常在一起，我们刚刚讲了爱，爱的反向形成就是恨，爱恨是辩证结合在一起的对子。

爱就是恨，恨就是爱，它们都是一样的，爱恨都不会随着你爱恨的那个人消失而熄灭。所以在爱恨当中遇到麻烦的人在事后要到精神分析工作者这里，精神分析工作者听到的故事都是爱恨的故事。

来访者是爱恨没有处理好的人。但是精神分析家介入工作是在事后，这意味着我们不能预测，精神分析不是给一个人建议，告诉他应该谈什么样的恋爱，精神分析家不是教育家，恐怕教育家也做不到定义什么样的爱情是好的爱情。精神分析家在爱恨发生之后听来访者讲他们的爱恨故事，因为并不是爱恨没有了他所有的故事就结束了。他爱着的他人，他恨着的他人，在他心里面，爱恨都是很难消除的。在这些爱恨故事里能看到他兑换原始焦虑的方式，经历爱的悲伤是一种建构性的体验。

想要爱是想与他人有所发展，恨则是要贬低，甚至是摧毁他人。这两个感觉是相反的，但是神经症的问题，是两者的矛盾纠结，这个时候，我们就讲一个词，“ambivalence”，这个词是在精神分析最开始的时候，在弗洛伊德著作里就出现的。这个词在某种情况下并不是精神分析发现的，是当时荣格所在的瑞士精神病院的院长布洛勒（Bleuler）发现的。布洛勒是位精神病学家，他发现，神经症甚至精神病患者的身上都有一个情感的矛盾性、双重性，ambivalence 指的就是这个特点。后来弗洛伊德把这个词带进了精神分析。爱和恨，总是纠结在一个人身上，爱恨是辩证的。父母希望孩子有所发展，将来大展宏图，可是正是父母希望孩子发展的爱把孩子摧毁了。因为，欲望是他者的欲望，父母太希望孩子发展，实际上是希望孩子按照我们的期待发展。所以爱成了对孩子的压制与驯服。

爱恨是纠结的，不管你有没有意识到，爱里是有恨的，恨里也有爱。一个合适的爱恨关系中，双方会明白那个客体也是主体，对方也有一个心灵。精神分析在某种情况下，就是为了让我们明白这一点。我们追逐的客体是从我们身上离开的，可是如果这个客体有延展，那么这个客体就不是一个客体，他是个主体，他也是有着灵魂的，我们喜欢的这个人不可能完全按照我们的想法来做，他不可能完全存活在我们的幻想中，当然我们希望他多少有那么一些存活在我们的幻想里面，要不然我们就一点都不舒服了。

客体实际上是个主体，拉康派精神分析在很大程度上不讲客体关系。为什么？因为客体不是没有灵魂的，不是只有你是个人，对方不是个人。对方也是个主体，跟你一样，所以精神分析就变成一个主体间的关系。一旦这个来访者明白对方不可能完全按照他的想法运转，他的世界就有很大的松弛，所以，他再看这个宇宙就不是一个宇宙了，是无数个宇宙；他是一个，别人也是一个。否则对他来讲，再怎么做那都是一个宇宙，无论用什么方式，都是为了修改、驯服、颠覆对方，以适合自己。或者换句话说，一个所谓的合适的爱情，就是一个幻想爱情失败了，然后找到一个妥协点，和另外一个客体（主体）生活着。

精神分析工作者在临床接待的来访者，来访者其实讲述的都是关于爱恨的故事。我们也可以说，精神分析处理的问题就是人世间的爱恨。对这些人世间每个个体爱恨故事的解析，透射出我们在前面讲到的欲望、精神结构、自恋、生死、压抑等，它们是连在一起的。

结　语

最后，我们利用一点篇幅再来对全部十讲做个总结。因为是总结，可能会对前面的内容有直接或间接的重复。

学习精神分析和学习拉康，首先是要回到弗洛伊德。如果我们讲拉康，是经过拉康回到弗洛伊德，那么，在某种情况下，这也是经过我们自己回到弗洛伊德，是发现弗洛伊德，也是为了重写弗洛伊德。什么叫重写弗洛伊德？如果把精神分析看作一个人，那么现在精神分析是个成年人了，可是我们已经知道，从精神分析的维度来看，一个成年人现在的样子，在很多情况下是由他的过去决定的。所以，学习精神分析就跟了解一个人是一样的，我们要知道一个人为什么现在是这种状态，就要回到他的童年，对童年有更多的了解，只有这样才能对现在的这个成年人有更多的了解。如果这个成年人有这样或者那样的症状，我们也知道只有在童年的深处了解这个人的最初幻想，并了解幻想的延展，才能了解这个人现在症状的原因，从而有改变症状的可能。

精神分析作为一个学科的成长也是这样的，精神分析的发展总是有一个前提，就是在最基本的维度上去质疑精神分析。弗洛伊德在开创精神分析之初，有一些对精神分析精华的发现，但是后来在他理论化的过程当中，他把这些东西给去掉了，或者他没有注意，因为他觉得这些东西不重要，或者他觉得它们不对。我们回到那个地方的时候会发现原来这些东西才是重要的。什么地方有误解，我们就要在什么地方重写。

从这个意义上讲，弗洛伊德本人的发现已经超过了他本人。这就跟有时候我们可以重写历史是一样的。比如，20 世纪我们发现了三星堆文化，它的青铜文化是非常灿烂的，虽然它的青铜器铸造技术很大程度上不如当时的中原文化，但是在相同的时代，它的文化和中原文化不相上下。这个发现在某种情况下是可以让我们的历史重写的。因为在原来的历史当中，我们的假设是中原文化传播到巴蜀一带，之前后者没有高度文明的文化，但现在我们可以说，在中原文化发达的同时，巴蜀的文化也很繁荣。正是考古的发现，让历史得以重写。所谓的重写弗洛伊德，就是我们在阅读弗洛伊德作品的过程当中，很可能会发现一些微妙的东西，也许弗洛伊德当时发现了，但他是不经意地写出来的，因为他并没有意识到它的重要性，或者他意识到了，但是他的思考并不周全。于是，那个地方就成了一个起点，就像我们有时候在童年时期发现的一些东西，它深深地影响了我们的现在，但是我们并没有对它有很好的理解。

在精神分析的学习中，我们要回到弗洛伊德，在阅读弗洛伊德作品的时候，要尊重时间的顺序，记住弗洛伊德著作的年代顺序。他的文章是 1900 年之前写的，1900 年之后写的，1912 年写的，还是 1916 年或是 1923 年写的？这其中有很大差别。尊重时间的顺序，我们就能够和弗洛伊德一起，和拉康一起（他就是一个认真阅读弗洛伊德的人），也和其他阅读弗洛伊德作品的人一起，发现无意识的微妙和盘绕。在写这些作品的时候，随着时间的推移，弗洛伊德的很多术语有很大的变化，比如弗洛伊德早期讲的自我和后期讲的自我是不一样的。早期讲的自我没有一个标准的定义，后来弗洛伊德在第二个地形学理论当中改变了这一点，这时才让自我成为一个正式的精神分析术语。跟随时间的顺序，我们就能明白弗洛伊德如何根据临床材料寻求精神分析的理论化，他与我们分享了他的转变。我们在理论学习的同时，也做临床工作，在临床工作当中，我们也会碰到新的现象。知道理论的演变过程，就能更好地和理论对话，把这些新的现象融于理论，形成我们的理解。

终止对理论确定性的期望

学习精神分析理论，要终止对理论确定性的期望。我在国内做一些个案督导，也和一些分析家同行谈到一些理论的话题。我发现我们的同行，非常期待对理论有确定性的了解，他们认为理论的发展是进化式的，最新的理论就是最好的。他们知道我在法国学过拉康，他们也知道国际精神分析界对于拉康有很高的评价。他们和我工作或者讨论时，只想知道拉康对某些个案的确定性的观点。这些同行想知道拉康怎么进行个案评估，他会在什么地方进行干预，怎么干预。似乎知道这些，这个事情就解决了。

但我想告诉大家的是，不管是实践还是理论，这种对确定性的期待应该停止。而对我来讲，没有这种确定性。一方面，精神分析本身就是在不停地发展，精神分析很多基本的理论在不停争论，精神分析本身实际上就是从一些流动的、不确定的事实出发来探索自身，探索自身的不确定性。不确定性应该会一直跟随精神分析，不管是理论还是实践。另一方面，如果我们对精神分析理论有确定性的期待，相当于认为我们人类的精神世界是不发展的，我们人类的思想是停滞的。但是，人类是不停地发展的。我们会发现现在碰到了很多问题，也许在弗洛伊德时代、在拉康的时代是没有类似问题的。而我们实际上要做的，是结合临床，参照前人的理论，进行理解、发展与创造。精神分析是俗世的理论，我们阅读弗洛伊德，但是不代表弗洛伊德理论是不可以改造的，恰恰相反，拉康正是在阅读与理解弗洛伊德的精神分析理论的过程中，不断质疑精神分析的基础理论，从而革新了精神分析理论。

在一个分析工作者与一个来访者之间，有着倾听与讲述，有着无意识的相遇，有着移情的上演。在他们之间，任何理论都只是参照，如有必要，他们在工作的时候要保持足够的理论开放，甚至要忘记理论的存在。在他们之间，没有任何东西事先确定在已有的理论当中。

要在拉康的语境理解拉康

很多人实际上只是对拉康的一些奇谈怪论抱有很大的兴趣，但是对他在理论和实践上的革新并不真的感兴趣。拉康确实讲了很多惊世骇俗的话语，比如他曾有个观点：性关系并不存在。人与人之间不存在性关系。这句话就很奇怪，怎么可能不存在性关系呢？似乎这是一个完全与现实相反的口号。但因为这是拉康说的，人们愿意像接受神谕一样接受这个疯狂的口号。

但是这句话需要回到法语当中去理解。这句话的法语原文是：Il n’y a pas de rapport sexuel。句子里的“rapport”被翻译成“关系”，但是这个词可以指“关系”也可以指“报告”。中文的词和法文的词，它们在内涵与外延上有不同。所以当拉康说“性关系不存在”，其实他是说“一个关于性关系的报告是不存在的”。人与人之间的关系是复杂的，我们没法构建一个标准的性关系。就是说，我们没法规定：一个男人跟一个女人，应该怎么在一起构成一个性关系才是好的性关系，才是标准的性关系。也许在生物层面上，我们能说什么是性关系，比如真实的性行为；在社会层面上，我们也能说什么是性关系，比如婚姻。但是我们没有办法束缚我们的幻想，它是多变与奇怪的。拉康讲，人在最初的时候，他的关系的可塑性是非常大的，现象是非常多的。这也回应了弗洛伊德说的，人类的孩子的性是多型变态的。

如果只是觉得拉康的口号有吸引力，只在乎这些口号，我们就会犯很多错误。也许还有一些人想在拉康的诗意般的论述当中寻找一些技巧，这也是一个很麻烦的事情，因为精神分析也许是诗意的，我们要像理解诗学一样去理解精神分析，但是中国有一句古话叫“功夫在诗外”。诗写得好，实际上功夫在诗外，如果在诗中寻找一些技巧，难免是缘木求鱼、买椟还珠，把拉康的一些精华东西丢掉了。比如，拉康的弹性设置显然很重要。可是我们要理解他为什么要有弹性的设置，也要理解拉康特别是在他晚年，他的分析变得非常简短，有时候只有三五分钟，这其实不太像弹性设置，而是短时设置。我们不能盲目地跟从，而是要明白拉康为什么这么做，从而才能知道哪个形势下要有弹性，而哪个形势下是可以相对固定的，要不然就是邯郸学步，到最后发现自己都不会走路了。所以，我们要理解他这些技巧背后的东西。拉康当时有些技巧的依据是他的那个时代和环境，或者是法国的文化，到我们这个地方很可能不太适用。

因此，我们要在拉康的语境当中理解拉康的思想，同时还要结合临床实践，结合我们的文化。这样，我们对他的技巧，对他的临床设置，或许也会有一些符合我们自己情况的改造。也许在某种情况下，我们参照拉康的实践与理论从而形成了自己的技术与风格，这才是真的理解了拉康。

考量真相和撼动精神世界

从拉康的语境对拉康或者拉康派理论进行理解，也许有一个基本出发点，这也是拉康本人经常强调的：精神分析是对真相的重新考量。这个真相就是我们反复提到的精神现实，精神分析是为这个真相、这个现实工作的。正是在那些不可触及的真相那里，神经症扎根了。我们的工作是围绕着对真相的考量，试图在移情当中让一些精神现实表现出来。分析的临床设置实际上是围绕着这一点的，精神分析如果离开了移情，离开了考量真相，那它的设置就没有任何意义了。

当然，精神分析不仅仅是重新考量和质疑这些真相，同时它也能撼动我们的精神世界。当看到并考量这些真相之后，我们作为个体可以重写自己的无意识，重新发现和写就我们的过去，就像我们前面说的重写精神分析一样。撼动精神世界指的是，至少可以让我们精神世界中建构得不太合适的精神结构发生些改变，让我们更好地适应自己，让我们更好地适应自己的内部与外部、幻想与现实。我们精神世界里面各个相对独立的单元，从弗洛伊德的意义上讲，比如自我、本我、超我，在拉康的意义上就是实在界、想象界与符号界，如果它们相互之间的关系不是太舒服，我们可以重新改变这些相对独立的精神机构单元，精神分析是可以做到这一点的。也就是说，我们能重新发现自己。一个真正意义上的精神分析做完之后，差不多是一种脱胎换骨的感觉。并不是说你的肉体换了，而是你的精神世界有个变化。我们前面提到的哪吒的故事应该是精神分析过程的一种隐喻：一个小孩是如何离开他的父母，经过脱胎换骨，获得自己的独立的。

拉康给当代精神分析带来了争议，他鼓励未来的精神分析家自我质疑，他鼓励精神分析工作者避免理论上和技巧上的惯例和习惯的常规。这些惯例和习惯包括：为什么精神分析一次需要五十分钟，为什么我们要一周三次等。甚至现在，我们还要考虑通过网络进行分析何以可能或者不可能。为了不让他后来的分析家认为他讲的东西是颠扑不破的，拉康去世前一年解散了他所成立的精神分析学校，也许他就是想说，不要把我的东西看作一个不能改变的真理。这才是拉康。

拉康派不应该被认为是精神分析发展当中的一个流派，他对精神分析的发展是具有全面革新性质的。他的一个基本态度是质疑，当然拉康的质疑带着他的时代特点，还有法国文化的特点。因此我们学习拉康，也不能照搬他的话，而是体会他对精神分析的基本态度和立场的质疑。也就是说，拉康是让我们重新发现弗洛伊德的人，因为重新发现弗洛伊德，同时他也身处对他的时代的影响之中。拉康的理论更应该是开放的，并不局限于他所说的那些固定的观点，更应该是他在理论当中透露出来的那种不断质疑与不断发展的精神。

拉康告诉我们的还有一点，就是精神分析是俗世的，在此，我再强调一下俗世的意义。我们对待精神分析不能像对待《圣经》一样，不能像对待一些不能改变的典籍一样。精神分析并不是神圣不可更改的，相反它是变化的，变化就在我们这里发生。如果一定要说有什么是不变的，那么只有变化本身是不变的。我们要看到变化当中互相的影响和关系，对一个理论，对一个个人，都应如此。

重视话语

本书的出发点是精神分析的实践，所以我们最后回到临床上：重视话语。

如果说弗洛伊德发现了言语可以解决人类的精神痛苦，那么拉康正面回答了言语何以解决人类的精神痛苦。拉康甚至超越了这个问题本身，他毫不含糊地指出：人是言说的存在。人的痛苦，就在言说当中。只要你是在言说，一种真的言说，那么你就是在言说当中发现与认识自己的痛苦。“真”的言说之后，你会发现：你的痛苦会变成另外一种痛苦，并不是消失了，只是另外这个痛苦是一种你能接受的痛苦；甚至由于文化或个人的特点，你享受着这个痛苦。也就是说，另外一个焦虑，以你能接受的方式在某种情况下填补了你的原始焦虑。

重视话语，重视来访者讲的话语，这在临床当中是最重要的一点，话语从一开始就被拉康看作一个走向实在的方法。话语是合适的积极，是有益的攻击，是治愈的载体（如果我们一定要用上治愈这个词的话），因为话语是虚幻缥缈的想象和不可触及的实在之间的唯一可能联系。

话语是给予的，被某人听到，被分析家听到，被他者听到，也被你自己听到。你成为一个人，你在最开始的时候就被给予了一些话语，你对这些话语有想象，你希望以这种方式离开让你不能够接受的实在（焦虑）。人类个体的精神问题说到底就是在给出话语的那个地方出了问题。解铃还须系铃人，所以我们还要再回到那个地方去讲一些话语，被你听到，被他者听到，重新体会与发现这些话语。如此这些话语的新的意思就让你走出来了，甚至让你能够拯救自己。因此，精神分析就是在话语当中，重新回溯过去，重新建构自己，全部的或部分的。用弗洛伊德的话来说，这是疏通和修复的过程，但用拉康的话来说，这是来访者在自己的话语当中寻找。寻找话语在其中起着锚定作用的符号意义，于是话语在此就具有了能指的全部意义。这个工作如果成功的话，来访者不仅能找到他的能指，还会发现这些具有符号意义的能指对想象有着实在的力量。这意味着符号能改变想象和实在之间的关系，改变我们存在的状态，精神意义上的脱胎换骨才会发生。

精神分析之路

在临床实践当中，精神分析工作者不知道来访者的痛苦。作为精神分析工作者，如果我说“我知道你痛苦，来，我跟你讲你这是怎么回事，我来引导你”，那么这不是精神分析，这是欺骗，因为其实我不知道对方到底怎么了。所谓主体就是躺在你躺椅上的人，我们要把主体带到知道的路上去，这才是精神分析工作者要做的。分析家应该将主体带入一种辩证活动，而不是告诉主体你错了，你应该这么做而不是那样做。

因为他肯定是错的，因为我们人类就是错的，就是在有了错之后才有人类的世界。但我们是自然演化当中爆裂的环节，我们脱离了自然，所以需要后天来构建精神世界。我们跟自然界里很多动物和植物是不一样的，它们的发展、生长是嵌在自然当中的，它们是先天的，我们人类的精神世界是后天的。所以，这本身就是一个错，人生就是一个美丽的错，我们的智力，我们对世界的认识，就是建立在一个错的基础之上的，这是精神分析和很多学科不一样的地方。错才是我们的起源，没有错很可能就没有这么多问题了。所以你跟主体说你是错的没有什么用。你就是对的吗？你的对也是在错的基础上建立起来的，你以为你是对的，无非是你和你周围（群体或者文化）都这么认为而已。而对于他的错，他觉得是非常真实的，真实得就跟对的一样。他不能接受你的对，是因为你的对在他那里是错的。

我们不是要指出来访者的对错，而是要向来访者指出：你还没有说得充分。你还需要带着你的不知道继续述说，就像一个无知的人一样说，而无知在某种情况下就是无意识的欲望。精神分析讲的欲望，就是那些无意识的欲望。因为正是我们不知道的欲望在影响着我们，指导着我们。那么就让来访者说，让他带着无知继续说，带着这个他不知道的自己继续说。他这样说着，他就走在自己发现自己的路上，通过无意识的表现形式（梦、口误等），他会对自己知道得更多，他会明白自己为什么是这样子：你即如是。

我们以拉康的一句话来做一个总结：要做的不是在知道的路上引导他，而是要将主体带上知道的路。

后　记

2019年3月10日，我和姜余共同的老师，法国精神分析家吉布尔（Michel Guibal）先生去世整两周年，那天我很想他。看着回国时他送我们的两把法式小刀（laguiole），我便模仿中国古代的志异笔记，写了一篇纪念小文。现将这篇小文略作修改，抄录如下。

锦宝年间，乞丐甲乙流落陆西国，手无缚鸡之力，爱逞伏虎之能，屡受欺凌，穷困潦倒，饥寒交迫。偶遇丐帮隐一长老，长老怒其无能，亦怜其天资尚可，遂留甲乙于在远河边杀狼城里无桑米店，打杂亦习艺，授伸身心法及青米八刀式。

寒暑六载，长老见甲乙艺有小成，且日渐思乡，便遣其归。临别，赠利刃二，曰斩木器甲、斩木器乙。

后，甲乙归故土陆东国，居南城城郊，上山砍柴，下田割稻，也偶走市井，略往江湖。斩木器助甲乙自保，亦偶行小善。

一夜，甲乙坐太湖边，忽见湖中有莹光一点，微风掠过，顿作满湖灿星，怀中斩木器亦嗡嗡作响，良久顿悟，当是隐一长老仙化而去。

器尚念侠义，人当何为？

小文写得亦真亦假，但似乎唯有如此，才能表达我当时的心情。我在小文当中说了一些字谜暗语，比如，“青米八刀”指的是“精分”，“伸身心法”指的是“神”，“斩木”指的是“析”。实际上的意思就是，吉布尔当时教我们的是精神分析。

碰巧3月10日也是金庸先生的生日，彼时他也仙逝未久，小文当中的武侠影子亦受他的影响。而湖中见莹光的灵感，也是来自金庸的先祖查慎行的五言诗《舟夜书所见》：“月黑见渔灯，孤光一点萤。微微风簇浪，散作满河星。”我的这篇小文也是向金庸先生致敬，向所有那些有侠义的人致敬。

对这些逝者最大的怀念就是把侠义传承下去，把他们传给我们的东西再传承下去。这也是2020年初我答应叶子编辑写《拉康十讲》的勇气来源。我们是最早接触拉康派精神分析的一代中国人，不管是否平庸，也应该把我们的一知半解用自己的话讲出来。这样也许能多多少少帮助那些后来者，让他们当中更有成就的人显现。但是，拉康的理论博大精深，除了精神分析，他所涉及的思想实在太多元：精神病学、超现实主义、结构主义、现代语言学、拓扑学……这些有时候对法国人来说都艰涩难懂，所以要在短短的十讲里对拉康理论做个全面性的介绍，谈何容易。这需要有敢于献丑的勇气。

于是，我揣着惶恐查阅以前的资料与笔记，开始写作。尽管有一些讲课记录，但是一旦转成文章，我还是发现了很多问题，以前在演讲时跳越过去的东西，现在没法再含混了。写作期间多次感到自不量力，几欲罢笔。

幸运的是，我的爱人与师友都在不停地给我鼓励。我至今还记得他们的教诲与建议，在与他们的讨论当中，我确定下来这本书突出的五个重点：一、尝试着写出拉康对弗洛伊德的传承与发展；二、围绕拉康对精神分析的最重要贡献来写，即突出言语与语言在精神分析当中的价值；三、只抓住拉康理论最核心的几个概念，其他的简略带过；四、结合临床实践，特别是自己的临床实践；五、结合中国的现象与文献材料。总之，要写出一个中国精神分析工作者对拉康理论的理解。这或许会自曝浅薄，但呈现真相绝对好过掩饰不足。

我特别要感谢广西师范大学出版社的吴晓妮编辑和叶子编辑，是她们的信任与不弃，数度编校，才最终让这本书出版。

人生世间，遇到侠骨丹心的人，是一种幸福。

不管怎么说，这本书显示了我的无知。但是我深信拉康所言，无知（insu）并不可怕，傲慢的自以为是才可怕。我的另一位老师纪尧马（Patrick Guyomard，他也是拉康晚年的重要弟子）也说，正是无知，正是那些我们还不知道的东西在推动着我们言说。我将继续面对我的无知，诚恳地接受同行们的批评与指正。在此段旅途结束之后，这些都将帮助我开始下一段旅程。

严和来

2023 年 10 月 8 日于南京

我思，我读，我在

Cogito, Lego, Sum